U0553546

终结拖延症

[美] 威廉·克瑙斯（William Knaus）著
陶婧 于海成 卢伊丽 等译

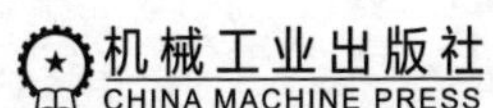

图书在版编目（CIP）数据

终结拖延症 /（美）克瑙斯（Knaus, W.）著；陶婧等译．—北京：机械工业出版社，2015.5
（2025.5 重印）
书名原文：End Procrastination Now! Get It Done with a Proven Psychological Approach

ISBN 978-7-111-50329-3

I. 终… II. ①克… ②陶… III. 成功心理 – 通俗读物 IV. B848.4-49

中国版本图书馆 CIP 数据核字（2015）第 111874 号

北京市版权局著作权合同登记 图字：01-2010-3815 号。

William Knaus
End Procrastination Now! Get it Done with a Proven Psychological Approach
978-0-07-166608-4

终结拖延症

出版发行：机械工业出版社（北京市西城区百万庄大街 22 号 邮政编码：100037）
责任编辑：董凤凤
责任校对：殷 虹
印 刷：三河市宏达印刷有限公司
版 次：2025 年 5 月第 1 版第 24 次印刷
开 本：147mm × 210mm 1/32
印 张：7.125
书 号：ISBN 978-7-111-50329-3
定 价：35.00 元

客服电话：（010）88361066 68326294

赞 誉

威廉·克瑙斯基于几十年的研究经验对拖延行为做了全方位分析，不只是针对拖延，更针对思考和行为模式提供了一套井然有序的课程，让你可以重新评估自己的行为并做出改变。本书通俗易懂，实践其中的方法可以让你的日常生活走向正轨，你会更受人信赖。这本书是无价之宝。

理查德·威斯勒（Richard Wessler）博士

佩斯大学名誉教授

《摆平棘手的当事人》作者

这本书为克服拖延方面的自助书籍树立了一个新的标准。别再拖了——现在就将这些方法和练习付诸行动，告别你跟拖延的搏斗挣扎，提高你的工作效率，提升你的生活品质。

阿诺德·拉扎勒斯（Arnold A. Lazarus）博士

著名职业心理学委员会成员

罗格斯大学心理学特聘名誉教授

《一小时心理医生》作者之一

每一个与拖延战斗的人，都可以从本书中发现新鲜的观点、快速见效的技巧和强大有效的自助练习，为自己开启一种卓有成效的快乐生活方式。开卷有益！

詹妮·沃尔夫（Janet Wolfe）博士

艾伯特·埃利斯研究所前执行主任

纽约大学兼职教授

拖延治疗领域首屈一指的世界权威，提出了一套三管齐下的综合方法，将这套方法内化，扫除行为障碍，迈向快乐幸福的生活！

埃利奥特 D. 科恩（Elliot D. Cohen）博士

《启动批判性思维》作者

如果你像很多人一样，也是一位拖延者，别再犹豫了——阅读本书。克瑙斯博士是解决这方面问题的首选专家。

弗兰克·法雷（Frank Farley）

天普大学人文学教授

美国心理学会费城分会前任主席

这本书不可或缺，应该列入大学生的必读书目中。它不但能帮他们变得更加成功，也能让他们更能享受学术研究的乐趣。

勒内 F.W. 迪克斯特拉（Rene F.W. Diekstra）

罗斯福学院、乌特勒支大学国际荣誉学院心理学教授

本书提供了一套合理有效的办法，帮你对付“拖延症”这个无处不在的“拦路虎”。威廉·克瑙斯博士条理清晰的文笔，生动活泼的案例讲解，使本书成为一种宝贵资源，让你可以很好地理解拖延行为产生和发展的模式，以及实用的技巧和方法让你可以直接用来指导行动、做出积极改变。

普利西拉 M. 克拉克森（Priscilla M. Clarkson）

马萨诸塞大学安默斯特分校联邦荣誉学院院长

在克服成瘾行为的道路上，学会拒绝以后，个人面临的最大困扰就是拖延。为了解决你的问题，让你能够放手前进，克瑙斯博士将多年的实验研究经验融汇到这套实用、实效的解决方案当中。

乔 · 盖斯坦（Joe Gerstein）

医学博士

美国内科医师协会会员

SMART 自助康复网络创始人

推荐序

没拖到最后一分钟，我啥也不会去搞定。

——佚名

我们都会拖。你看我就拖到了现在：直到最终期限来临的前夜，我才终于提笔，开始写这篇推荐序。如果早就读过这本书的话，那我就会采用威廉·克瑙斯的方法，早早地写完它，不用等到最后期限了。

无事不拖的人确实难找，而从不拖延的人也很罕见。我们都会拖延，只不过程度有轻有重。按照《今日心理学》的观点，20%的人都认为自己有着积习难改的拖延症。当然，本书的关注重点并不是“拖延者”们，而是拖延行为、拖延想法和拖延感受。**无论你是偶尔才拖上两下，还是问题严重的、压力巨大、焦虑重重的“拖延症患者”，你都可以通过阅读本书开卷有益、收获多多。**

与拖延相关的心理特征形形色色、不一而足：缺乏自信、让人注意到你有多忙、顽固、以拖延方式来应对压力，或者总是以灰心丧气的受害者自居。阿德勒学派心理学曾经告诉我：所有的行为背后都有其目的。所以，当我阅读这本关于拖延的书时，我总是在探求这种行为背后的“目标”或者“目的”。有些人是通过拖延来逃避困难或者旷日持久的任务；有些人是因为缺乏完成任务的相关知识和技巧，他们担心一旦把事情弄砸，就会在别人面前露出马脚（换言之，什么都不做至少什么都不会亏掉）；有些人是通过拒绝付出努力，来表达（用一种被动的方式）对别人的愤怒。在本书中，你会见识到人类行为是多么复杂，并且发现：单纯地推迟一件不得不做的事情，背后有许多目的和理由。

当面临艰难的选择并要求立即做出决策时，拖延通常会被当作一种缓解焦虑的办法。这种应对方式，在今天尤其大行其道。如今，做决定已经是日常生活中的很大一部分，却很少有人专门去学做决定的技巧。我们不知道该做什么，所以干脆什么都不做，还幻想着困境会自动消失。这就好比南辕北辙，又如逆水行舟。这种办法非但无效，反而会招致毁灭性的后果。

在本书中，威廉·克瑙斯会教给你一种“三管齐下”的方法，帮你克服拖延，让你的生命之旅收获更多的成就，这“三管齐下”的方法是：

（1）教你看清拖延行为是怎样表现的，以及怎样改变拖延思维（认知方法）；

（2）教你建立忍耐力和持久性，使你即使面对不适的环境，也能坚定地沿着原路前行（情绪方法）；

（3）确定你的方向，落实在行动上，善始善终，运用你的知识，通过你的工作和成就取得成功（行为方法）。

在这本书中，威廉·克瑙斯以其专业素养，让原本看起来错综复杂的拖延过程变得简洁清晰，通过清晰易行的步骤，让你学会自我调节；亲身实践这些方法，你将学会为生命负责，并重建你的力量感和目标感。苏格兰有一句谚语：“**什么时候都能做的事，往往什么时候都不去做。**”所以，这次可别再拖延啦！开始阅读这本书吧，把其中的智慧运用到你的工作和生活当中。现在，终结你的拖延症！

乔恩·卡尔森

心理学博士，教育学博士

美国职业心理学委员会成员

伊利诺伊州长州立大学心理学与咨询部名誉教授

译者序

困而求知，且勉且行

5 月 15 日是豆瓣网“我们都是拖延症”小组成立 4 周年纪念日，也是我们“战拖心理成长会”发起的第一届“拖延节”。我们组织的一项线上活动是完成一项拖延已久的任务。我更新微博，写下：“# 拖延节 # 写完译者序”。

在人文气息浓厚、文艺青年出没的网络社区中，拖延会员突破 5 万大关，本来就是一件情理之中的事情。国外学者们曾经总结了拖延的常见诱因：僵化完美主义，逃避成功，缺乏时间观念，内心充满纠结反抗，病理性多动症，早期家庭或教育环境的影响……甚至连身在异国的文化差异，都可能让你罹患这种我们戏称的“拖延症”。

再看看我们这个时代，享乐主义、一元价值观所引发的“身份焦虑”，本已让我们深陷洪流，工作带给我们的感受常常不是成就感，而是望之欲逃的失败恐惧，这种恐惧常常是引发拖延的元凶；而网页、短信、微博、游戏和其他各种信息源，也都在撩拨我们的眼球，把我们并不坚定的注意力，切割得七零八落。

“战拖”（战胜拖延）无疑是困难的：各种“拖延症”在具体表现上千差万别，而且看起来都很顽固。许多人戏称它为“绝症”。尤其是与 ADHD（注意力缺陷障碍，俗称多动症）相关的生理性拖延，更是让人痛苦不堪。此外，拖延本身的复杂性也增加了我们同它对抗的难度。

如果我们可以不太严格地把拖延称为一种“症”（这个中文词目前还不是个严肃的医学名词），那么它更接近于一个症状性而非病因性的名词。由于它的起因和具体表现上的差异，几乎不存在一种适用于所有“拖延症”的灵丹妙药。在我们的社区中，直到现在，也经常看到“关公战秦琼”的现象：大家围绕某一种方法“有用还是没用”争论得面红耳赤，最后却发现针对的根本不是同一个问题。这也为我们的探索之路徒增了无谓的内耗。

依我个人浅见，目前常用的战拖方法，大体可以划分为两类：**一类注重内心成长和价值观梳理，另一类注重任务解决和时间管理**。当然，像针对 ADHD 等生理诱因的药物方法，似乎也算自成一派。

第一类方法，强调挖掘拖延行为的根源，加强对自身各个方面的觉察，倡导从拖延的根本原因入手，化解负性情绪、调整不合理认知、强化行为的改变，从而不仅实现拖延行为的改善，更是谋求对自己更深层次的认识和接纳。第二类方法则强调聚焦于任务本身，挖掘、组织并利用自身的积极资源和社会支持系统，力求在短时间内克服障碍、实现目标。

从效果来看，第一类似乎更彻底，也更有利于防止反复，但改变周期较长，似乎可以称为“长期战拖”；而第二类短小灵活，常用于对已发生的拖延问题的解决，或许可以称为“短期战拖”。

是“釜底抽薪”重要，还是“扬汤止沸”有效，此二者可谓各有千秋，相信诸位拖友各有偏好。**但是，无论是“釜底抽薪”还是“扬汤**

止沸”，容易的是“纸上谈兵”，共同的难点都在于如何操作和执行。

对拖延根源挖掘最彻底的人，可能会成为拖延心理学家，但这本身并不足以保证知行合一，在行动中实践那些觉察到的知识；而短期战拖当中的主要内容，如时间管理等，最适用的人群却常常是那些本不容易拖延的人，这些方法在设计时通常就没有充分考虑到拖延的干扰，而是假设人的理性决策能力已经足够强大。事实上，我们理性的一面也许需要事先训练和养成习惯（就像在这本书里一样），才能足够强大。

本书给我们的惊喜也正在于此：本书篇幅短小精悍，语言简练，认知、情绪和行为三管齐下的方法方便实用，介绍了很多适合实际操作的流程、套路和练习，甚至可以在实战当中直接模仿复制。

如果说“长期战拖”和“短期战拖”的强大在于助攻能力，那么本书这套基于理性情绪行为疗法的战拖力，倒很像是对抗拖延的正规军。毕竟，能够兼通“长期战拖”和“短期战拖”，并且取长补短的人不多，参加培训的成本更是高昂；而本书提供的策略，思路清晰，操作性强，有些甚至接近于一种标准操作流程（SOP），按照作者的说法，熟练使用之后，可以推而广之，帮助你克服其他方面的拖延。

本书中还有一点让我印象深刻：它不止一次地引用了德国军事家冯·克劳塞维茨的著作《战争论》当中的思想。再联系到它对“理性”的推崇，我们似乎嗅出明显的“男性化”风格。那么这支“正规军”，是否真的可以带来崭新的局面和耳目一新的感觉？刚刚翻译完书籍的译者们，其实并没有足够的发言权。真正能够说明问题的，是读者你的实践结果。

在这里，我想表达对我们译者团队的衷心感谢，“译场”是战拖会的翻译机构，纵跨线上和线下平台，负责与国内的出版机构合作，引进和翻译相关著作，主要是拖延行为、时间管理和心理成长等领域的学术著作、科普读物和自助书籍。这本书由首轮译场的成员通力合作完成，各部分分工如下（引号内是参与者指定的署名ID）：前言由于海成翻译，陶婧校对；第1章由王子恺翻译，翟稀凡校对；第2章由“我要好起来”翻译，第3章由“appwcn”翻译，均由卢伊丽校对；第4章由卢伊丽翻译，陶婧校对；第5章由翟稀凡翻译，“appwcn”校对；第6章由陶婧翻译，“我要好起来”校对；第7章由卢伊丽翻译，王子恺校对；附录部分由丁盈幸翻译，陶婧校对。全书由于海成、丁盈幸和“高丽拖人”完成文字润色，并由卢伊丽统稿。本轮译场调度工作由陶婧及王子恺完成。

在翻译这本书的过程中，我们遇到了不少意料之外的困难，也一直在跟拖延进行着艰苦的斗争。正如每一位拖友和战拖同路人一样，我们都是在这个过程当中“**困而求知，且勉且行**”。忘不了译场工作前期，我们在北京五道口、双井、雍和宫各个地方咖啡馆里围桌而坐，并肩作战时那份浓浓温情；也忘不了因为对一部分内容接近苛刻的要求，我们曾经闹过短暂的小情绪。现在我最想说的是，我爱你们！

我们要感谢机械工业出版社的编辑不厌其烦的催促，让我们这群出身重度“拖拉机”的人组成的译者团队，历经辛苦终于完成这部作品；我们也要感谢战拖会心理咨询师兰菁在专业方面的多次指导。

战拖会作为目前国内最有经验的民间拖延互助自救组织，一直致力于传播拖延知识和支撑战拖互助。从相关书籍的译场和读书会，到团体心理咨询和毕业论文“临时教练”支持，我们一直在做着助人同时也是自助的事情。我们也衷心期望作为读者的你，从我们翻译的书中所获得的知识，不只停留于认识层面，而是通过实践，转化成实实在在的

“战拖”行动。我们也衷心欢迎你来我们的“战拖学园”社区（http://www.zhantuo.com/bbs），分享你阅读这本书的收获，寻找你战拖互助的朋友。

战拖会发起人　高地清风（于海成）

2011 年 5 月 15 日

目　录

三管齐下，终结拖延症

你想从你的生命中获得更多的成就吗？你的拖延已经妨碍你了吗？如果你的答案是肯定的，那么通过运用本书中的方法，你将学会如何对自己的生命负责，你会亲眼见证拖延逐渐从你的生命中消失的过程。

你想告别这个拖延者的身份，但你知道要面临的是什么吗？拖延症是最普遍、最顽固又最复杂的个人挑战之一。对很多人来说，这的确是一道大伤脑筋的难题。不过，就像所有其他坏习惯一样，拖延症也有自己的弱点。通过强大的认知和行为疗法，你将学会如何利用这些弱点，从认知上到行为上彻底终结拖延症。

你想要克服拖延症，而你现在已经开始行动了——你正在读这本书，下一步就是，实践本书给你的一套“三管齐下”的方法，通过观念转变和实战练习，向拖延发起挑战、解放你自己。

在本书中，我将和你一路同行，与你一起探讨在重要事情上坚持到底的方法。你将学会“立即行动”的新行为模式；甩掉拖延顽疾；学会在合理的时间里，用一种合理的方式来做合理的事情。这样，你可以在健康和幸福感方面都获得改善，并重获应得的成就感。不过首先，我们还是要了解一些与拖延有关的常用概念，这些都是后续章节要讨论的内容的必要铺垫。

什么是拖延

你知道吗？“拖延”（procrastination）一词的拉丁字源的解释，是“向前”（pro）加上“为明天”（crastinus）。不过，“拖延”的含义远不止是推迟某事，这个概念也不像很多人想象得那样简单。下面是我的定义：拖延是一种成问题的习惯，它会把重要和有时限的事情，推到其他时间去做。拖延过程很可能会造成一些不良后果。

在我们的日常生活中，难免会存在一些对即将到来事务的负面看法，这些看法里总会包含一种转移注意力的冲动，让你想用一些无关紧要的事情来代替。这个过程中总会伴随着拖延思维，比如“晚些吧，等我觉得准备好了以后再做”。拖延可不仅仅是简单的逃避行为，这个过程包含了一系列相互关联的理解和想法（认知层面）、情绪和感受（情绪层面）以及行动（行为层面）。拖延远比一个简单的行为问题要复杂得多。

一颗微不足道的“晚点儿会更好”的拖延种子，之后会长成一棵成问题的习惯之树。那些拖延的决策，让你把事情推迟，给你带来即时的放松和希望。这些放松和希望的感觉，会强化拖延决策，让你更容易再次做出拖延的决策。随之而来的是，你可能找理由为自己的推迟辩护，并一再请求延长期限。各类推迟模式总是错综复杂，而拖延就是它们的大集合。

我们来看一下这个案例：简面对公司的季度财务结算的书面分析，陷入了拖延的挣扎。在拖了数周之后，简决定在周末完成这份报告。在周日的午饭后，她准备好了要开始，她无精打采地走向她的电脑，想要写东西，却退缩了，下面就是随后发生的一系列事情。

（1）当简坐下，准备写报告时，她听到草坪上高草的召唤：她得去剪草。

（2）简走向剪草机，拉动绳索。在这一刻，她听见拖延的声音——拖延又一次降临到她的生活中。

（3）她想，等她剪完草之后就去把报告搞定。这个想法让她觉得宽慰了许多。她把注意力集中在剪草上，并把内心里唠叨着的提醒抛诸脑后。

（4）剪完草之后，简看到邻居在游泳池旁边呷着柠檬水，就走过去与之闲聊起来。

（5）跟邻居闲聊了一阵儿以后，简回到家里做饭。

（6）饱饱地吃完晚餐之后，她去小睡了一下。她对自己说："我稍后就开始，等我有精神了就开始。"

（7）从"小睡"中醒来以后，简意识到，看晚间新闻的时间到了。她告诉自己：看完新闻以后，她就是熬到深夜也要把报告做完。

（8）新闻结束了，简回到电脑前。可是，她的手指好像不那么听使唤似的。她点开"蜘蛛纸牌"，沉溺在游戏里。

（9）当她再次意识到时间时，发现已经是深夜了。她想："现在开始，就太晚了。我还是明天早点儿起来做吧。"这个新决定让她感觉好些了。

（10）早上7点，她的闹钟响了。简匆匆忙忙地为上班做准备，根本没有时间写报告了。

（11）到办公室以后，她决定先把眼前要忙的事情处理掉。等她打完电话回完邮件以后，午饭时间到了。

（12）简没吃午饭，赶快写报告跟下午4点的截止时间赛跑，但她已经没有时间了。

（13）疲惫不堪的她，以“情况比想象得复杂”为由，向老板请求推迟期限。老板同意多给她一天时间。

（14）她屏蔽掉其他所有事情，完成了报告。

（15）恼怒不已的简开始自责，她觉得如果早点开始的话，一定可以做得更好。她发誓：“下次我一定早点开始。”

（16）但下一次报告又来了，她的拖延模式一如往昔。

简的拖延方式，说明拖延症既自动自发，又涉及面宽广。（在后续章节里，我们还会重新讨论简的拖延问题。那时我会告诉你，简是怎样通过一种基本的认知、情绪和行为方法来克服拖延的。）

都有谁在拖延

拖延面前，人人平等。这个妨碍工作成效的坏习惯，影响着不同经济水平、专业领域、年龄以及其他人口分类指标的各色人等。实际上，每个人都有至少一项（很可能还更多）严重的拖延问题要解决，特别是工作中的拖延。2007年，薪水网（salary.com）的一份调查显示，美国的职场人士平均会浪费 20％的工作时间。约瑟夫·法拉利（Joseph Ferrari）是一位拖延问题的研究者。他和他的同事调查了美国、英国、澳大利亚、土耳其、秘鲁、西班牙和委内瑞拉等不同国家的白领和蓝领工作者。他们发现，大约 25％的人会被工作中的拖延持续地拖后腿。不过，这是不是就意味着，其他人相对来说就不受拖延困扰了？鬼才相信！很少有人在工作上从来不拖的。

每个人拖延的原因和方式都各不相同。有些人在没有成功把握的时候，会推迟做出决定；有些人为了推迟不愉快的任务，能发明出创意横飞的拖延办法来。顽固的拖延方式，已经在千千万万的人那里成为顽疾，尤其是在两类人群中：一类是将自己的自我价值跟外在表现捆绑在一起的人；另一类是由于他们的拖延而引发与压力相关的健康问题的人。

我没听说谁自己故意选择了拖延的习惯——那简直等于舍弃情绪健康，而直接选择抑郁。当你意识到，要么采取正确的行动，要么空怀着最美好的幻想却什么也不做，二者只能择其一时，选择就开始出现了。如果你选择了改变，就要负起你的责任，采取正确的行动。然而，改变也是一个过程，而非一个孤立的事件，第 1 章有关于这方面的详细论述。

改掉拖延的习惯

如果拖延是自发形成的，那是否意味着你被它粘上，就再也甩不掉了？当然不是，你仍然有别的选择，你仍然可以采取办法把它除掉。改变错误思维（认知方法），发展对不舒适的忍耐力（情绪方法），以及循序渐进的方式（行为方法），就可以甩掉拖延，并防止反复。

在《未选择的路》中，美国诗人罗伯特·弗罗斯特（Robert Frost）写出了生活中无处可逃的选择。这首诗描述了一个朋友所面临的两难处境，当选择了一条路时他将为不能选择另一条路而焦虑。弗罗斯特的诗，叩响了人类好奇天性的心门。最后一段尤其被频频引用："树林里分出两条路，而我——我选择了人迹更少的一条，从此决定了我一生的道路。"在这里，我们看到了一个有趣的例子：我们看到拖延的自动习惯，可以怎样被选择的观念所调和。

美国心理学之父威廉·詹姆斯（William James）对选择的重要性有深刻的洞见。你知道，詹姆斯一直被反复发作的抑郁所困扰，在尝试了他那个时代的行为疗法之后，仍然没有多少起色，他需要一个新的方案，最终在19世纪法国哲学家查尔斯·雷诺维叶（Charles Renouvier）的自由意志哲学中，他找到了一个方案，也就是"当你可以选择另一条道路时，你却选择了这条路"的观念。詹姆斯的决定是，他要试试另一条路。比如，他认为通过改变他的思维方式，他就可以改变他的生活。

另一种关于自由选择的说法是，随心所欲地做事情。但是随心所欲会不会成为一种自我沉溺的方式呢？换一个视角试试，那些令我们印象深刻的巨大成就里面，有几个不是通过艰难困苦的努力获得的。你什么时候见过不费吹灰之力，就做成过了一件意义重大的事了呢？

关于那条被拖延的阴霾重重覆盖的路，我们又能说什么呢？走在那条路上将使你离高效和高成就之路越来越远。拖延之路会令你憔悴不堪，也不会有决心、高效和创造性的努力和成果，在这条路上，承诺和坚持要比个人能力更加重要。而那些既拥有高超的能力，又能够对自己施以限制，高效行动、坚持不懈的人，将毫无争议地屹立于表现最优者之列。

摘掉“我是拖延者”的标签

在我们介绍能改掉拖延习惯的认知、情绪和行为方法之前，还有另外几个基本概念需要澄清。实际上，很多人可能会轻松地说：“我是一个拖延者。”但是仔细思考一下，他们很少有人会理所当然地认为世事非黑即白。因此，关于你自己的消极概括，其实是一种错误的描述。如果你只是拖延者一种角色，那你还谈何自我改变呢？

拖延并不是个非黑即白的问题，也就是说，“你或者是个拖延者，或者不是”的说法是不对的。你可能在生活中的某些领域拖延，却仍然有许多令人钦佩的品质，取得过令人称赞的成就。相反，拖延只是一个可以改变的过程。因此，毫无疑问，相对于给自己归类，想想如何改变你的表现和坏习惯将会更加合理也更加现实。

要记住，概念对观念有很强的影响力。想想“输家”和“赢家”这两个词，在脑袋里分别勾画出来，是不是两种完全不同的画面？如果给自己贴上了“输家”的标签，你会有什么感觉，又会如何行动呢？“输家”或“赢家”之类的标签，跟“拖延者”这个标签一样都可以影响一个人的自我意象。

给自己贴上拖延者的标签是一种选择，但这无异于给自己的问题找理由。拖延是相对的。我所认识的人里面，没有谁会每次都拖，也没有谁会百分百高效从不拖延。如果要更精确地描述，你可以将自己看成一个在某些方面拖延，而在另一些方面及时而高效的人。

你可能不喜欢自己的拖延习惯，你可以改变你所不喜欢的。但是不管怎样，拖延者不能成为你的唯一定义。

相对于“工程师”或“中年人”那样的描述性称谓，“拖延者”这种称谓可能更加笼统。你要知道自己是有多重身份的人，拥有数以千计的特性，在生活中扮演着几十个不同的角色。但是问题就在于：多数人都是分门别类地思考，而不是多角度地思考。因此，当你主动认领这个标签的时候，就面临着一个风险—你会别无选择，而只能向你的标签靠拢。

克服失败恐惧，挡住拖延脚步

拖延有着多种诱因，比如逃避压力等。如果你不喜欢一项紧迫的任务，你可能会把它暂时抛诸脑后；除此之外，焦虑也可能引发拖延之灾，当你焦虑时，你满脸忧虑地望向未来，仿佛看到威胁在一步步到来，你不相信自己能够控制局面，内心有股强烈的冲动，你想换到一个让你觉得安全一点儿的行动上去。这种拖延的过程，通常被形容为“害怕失败”。但其实“对失败的焦虑”这种表达可能更好一点儿。

完美主义可能会引发焦虑性的思考，从而引发拖延。你可能会死守着要么成功要么失败的想法，而且还觉得成败的标准在于你能否表现优异的自我期待。如果你觉得自己还没有掌握足够的资源，无法迎接高标准的挑战，这种信念就会启动你的拖延反应。不过，只要你消灭掉这种对失败的看法，就可以帮自己甩开这种自我破坏的模式。

除了你要交税、你会死亡这两件事，生命当中确定无疑的事并不太多。失败或者落后于你所定义的成功标准，也是一件可以确定的事。它们总会不时地发生。真正让事情有所不同的，在于你如何对付生命中不可避免的挫折和失败。

“不败哲学”可能就会奏效，它可能会帮你摆脱对新异、困难或复杂事情的恐惧和自我抑制。那些事情都是平常你会拖着不做的。不过在讲解“不败哲学”之前，我们先来看一些关于失败的观点。

- 失败就像吹拂而过的一阵微风，它是再自然不过的一部分。它是生活和学习中的正常部分。你不会每次尝试都能成功。你可能要折腾上好几次才能通过司法考试；你很难拥有专业的大脚调查员那样的好运气；在经济衰退期里，你投资的股票也会遭受重创。
- 有些失败会有代价。有些人希望可以终日喝得酩酊大醉，却不用担心身体健康，那纯粹是一厢情愿；在商界，没有业绩，别人就会把你的工作抢走。

- 大多数失败都是幻想出来的，比如，认为你如果没有在自己涉足的领域做到百分百完美，你就失败了，这种万众欢呼的期待，会给你带来很多人为制造的痛苦。又有谁是完美的呢？
- 当你把失败的结果用于自我纠正时，失败可以成为一种启示。有时候，这种启示是痛苦的；有时候，失败的结果会把你带向新的洞察和发现。

“害怕失败”的陷阱，也有着不同的视角。非理性的完美主义视角，就像是透过水印棱镜窗来看风景。棱镜扭曲了你所体验到的一切，而水印则代表了你的固有观念：如果你的生活中充满成功，你就高贵；如果你失败了，你将一无是处。这种非黑即白的观点，就像一座光滑的斜坡一样，让你滑落到拖延之中。

那么你是否能够跳出这种“非成即败”的陷阱呢？害怕失败是一种幻想出来的陷阱，即把一切都与你这个人联系起来，而不是与你做的事情相联系。如果压根就不存在失败这回事，你就什么也不用担心了。幸运的是，你可以避免失败。好吧，至少在你的自我发展领域，你可以做到这一点。

把你的自我发展的努力看成一种实验，把你的计划看成假说。这样，你的看法就会有所不同。现在，你就像科学家一样操作着。你检验的只是你的计划，评判的只是实验的结果，而不是你本人。如果你不喜欢结果，那就调整计划，重新检验。

这种帮你建立忍耐性的台词是全新的，要把它们组成流畅的剧本，绝不是一朝一夕之功。这套新的哲学，需要花时间来巩固。

实践“立即行动”哲学

“立即行动”哲学，就是以合理的方式、在合理的时间内，去做合理的事情，以便使你有机会变得健康、幸福并成就梦想。采取“立即行动”的方式时，你既向拖延发起了攻击，同时也是在坚定不移地做着那些真正重要的事情。当你为了自己的事情而努力工作时，你拒绝让自己因为冲动分心，而那些事情可能原本是你很想拖延的，你将如何应对这种双重改变的挑战，在这里举足轻重，而这正是知识和技巧真正奏效的地方。要发展出这种能力，你需要经历这样一个过程：先找出对你来说很容易做好的事情，在这件事上坚持实践“立即行动”哲学，直到完全掌握。

这时你就可以立足于一个积极的出发点上，有了一条新路，你要为你的思考、你的感受和你的行为负责，以迎接你面前的挑战。你面前的挑战，就是将自己从羁绊中解放出来，获得那些你本来能够获得的成就。

“立即行动”哲学为你照亮了一条新路，沿着这条新路，你可以“战拖”制胜、占据上风。当你实践这种哲学时，你就在打破拖延的习惯。当你的生活方式真正转变时，你就能够识破那些将你引离主线的消极自我意象和情绪威胁，以及分心的活动，而这些原本都会妨害你的工作成果。

“立即行动”方式并非一朝一夕所能掌握的。要成功地克服拖延陋习，建立起积极的、善始善终的新习惯，需要你付出时间并不断实践。但只要你有了这份积极的态度，并与后面我要讲的认知、情绪和行为的方法结合起来，你就已经走上了“战拖”的胜利之路。

通过认知、情绪和行为方法来终结拖延症

通过改变消极思考方式、缓解压力情绪并采取积极主动的行为，你将促使自己的整个人生全面好转。我将告诉你如何去做。

你将学到的认知、情绪和行为技巧都是久经考验的好办法，可以用来促成和维持你生活方式的改变，如控制体重、锻炼和减压等，这些正是大部分人拖着不做的。

你可以放心地学习和使用这些方法。认知－行为疗法是一个有着实证基础的体系，由 400 多项随机对照研究做数据支持。这个体系也得到了 16 项元分析研究结果的支持。元分析就是采用统计学方法，对研究数据进行综合的再研究。认知－行为疗法是一种主流体系，因为它可能是在促成和维持重要的认知、情绪和行为改变方面，最有效的一种途径。

有实证基础的认知、情绪和行为方法是可以自学的。最受欢迎的自助书籍，莫过于着眼于一个具体领域，应用基于经验的认知－行为方法，并由接受过该方法训练的、博士级别的精神卫生专家们写成。本书恰恰就符合了以上几条标准。

这并不是一本陈词滥调之作，这本书才不会对你说教什么“加

油工作，多花时间干活”。当然，有时付出最大努力是很重要的。然而，人生中的许多成就，是一天天的努力积累而成的。我们的最终目的是，让你摆脱拖延的干扰，让你活得更精彩，从而不必承受那些常与不必要的、自寻烦恼的拖沓相伴的痛苦。这样，你就会在需要的时候尽快地爆发出潜力，你也会有更多的时间来娱乐，同时，从拖延中抢回更多的时间，也会让你的工作完成得更出色。

在本书中，你将学会怎样去使用这个认知、情绪与行为“三管齐下”疗法，用它来摆脱拖延的纠结，从那些你通常要拖延掉的时间里，得到更多你想要的收获。这种方法也同样适用于那些有截止时间和预定日期的任务，而使你免于“最后一刻的疲于奔命”。这个“三管齐下”疗法可以帮你做到以下几点。

- 教你看清拖延行为是怎样运作的，以及怎样改变拖延思维（认知方法）。
- 建立起你的忍耐力和持久性，使你即使面对不适的环境，也能坚定地沿着原路前行（情绪方法）。
- 确定你的方向，落实在行动上，善始善终，运用你的知识，通过你的工作和成就取得成功（行为方法）。

这套“三管齐下”疗法，既可以使消极层面（拖延的层面）有所缓解，也可以用于强化积极的选择和意图。事实上，缓解毫无必要的消极事件（拖延事件）本身就是一件富有积极意义的事情。

三个方面既相互独立，又相辅相成。在任何一个方面有所进步，都会对其他方面有积极的影响。

这套认知、情绪和行为方法，可以用于应对诸多领域的挑战，比如如何真正持久地改变自己。举个例子，在摆脱拖延的过程中，你不但能学会如何果断地应对挑战，还能学会如何将自己从这种压力的禁锢中解放出来，这样的压力既是拖延的诱因，也往往是拖延的结果。

认知方法

认知方法建立在这样的基础上：你要重新思考你的思维和行为方式，改变那些自动负性思维（ANT）。正是这些自动负性思维，给你带来了不愉快的感受和自我挫败的行为。我们所面临的挑战中，很大的一部分就是要弄明白，何时、怎样去识别这种思维，怎样预防拖延，怎样让拖延之钟停摆。

你可以教自己去跟拖延思维争辩。你在整本书中都将看到关于如何争辩的指导、技巧和方法。拖延思维，如“我以后再做”的声音，代表了一种不切实际的推理，而你将很快学会揭穿这种骗人把戏的方法。你可能害怕失败，原因是你害怕随后的被拒；你推迟行动，为的是避免那些原本子虚乌有的恐惧。本书的第一部分，将向你展示，如何识别和对付这些认知路障。

情绪方法

在拖延之前，你很可能已经体会到了某些形式的不快情绪，这些不快情绪都与开始这项行动相关。你可能觉得备受诱惑，想要避开这种紧张，换到一条阻力最小的路上。你可能想用一个让你更加安适的行为来转移情绪，来代替那些让你觉得不快的事情。然而，被拖延的任务通常并不会消失不见，令人不快的感觉往往还会继续纠缠不休，不管你怎样处心积虑、一意逃避。

拖延可能源于你对几类任务的情绪反应，这些任务或者错综复杂，或者迟迟不能给你回报，或者让你觉得沮丧、不快甚至如临大敌。这些任务可能唤起了你的焦虑。当这些负性情绪在你心底窃窃私语的时候，拖延就成了你再自然不过的一种反应。

你可能认为，某些任务必须在某种情绪中才能做。你可能认为自己只有精神振奋了才能开始行动。如果你要继续坐等精神振奋起来，那你或许可以到塞缪尔·贝克特的《等待戈多》一剧里，给自己寻个角色演演。（“振奋的精神”爱爽约，戈多会放你们鸽子。）然而，面对不喜欢却必须要做的任务时，要想善始善终，最好用理智引导自己、强行跨越情绪的障碍，踏上富有成效的道路。在本书第二部分，你将学到很多行之有效的技巧，帮助你扫除情绪障碍，迈向成功和幸福。

行为方法

当你拖延的时候，你十有八九是在用一些压力小或不太重要的事，来代替被拖延的那件事。你也可能在做一些压力小却更重要的事。但是，多数时候你横生枝杈，却只是做着那些无足轻重的“鸡肋”事务。比如，宁肯去读报纸上的连环漫画，也不去仔细研究复杂的政府新规章，虽然那规章可能会极大地影响你的经营策略。

从本书的第三部分中，你可以找到大量的行为方法，帮你控制住分心行为，而代之以富有成效的努力。

拖延思维、拖延情绪和拖延行为，当它们联合起来时，即便你一开始再怎么痛下决心不再拖延，常常还是回天乏术。要从习惯性的拖拖拉拉，变成习惯性的卓有成效、善始善终，少不了要付出时间，做大量练习，你可以从书中找到认知、情绪和行为方面的训练方法，然后，将这些方法应用于你的日常生活。过程虽苦，不过它有个很重要的增值特点：你可以反复运用这套综合的心理自助方案，从你的生活中，得到更多你想要的、你值得拥有的东西。试试看吧！

通过发展积极的认知、情绪和行为技能，你可以迅速地走上实现自我效能的大道。相信自己有能力组织、调控并引导自己的行为，去实现某个积极的目标，这种信念，经过心理学充分研究表明跟优秀的工作绩效密切相关。反之也不难理解，低自我效能、拖延和不及格的绩效也是息息相关的。

通过这些认知、情绪和行为的方法，你可以拓展和改善你的工作技能。然而，这并不能在真空中实现：好比你参加了一个项目自己结出有意义的成果。另一需要强调的要素是承认生活中主要的和有目的的目标，都是要一小步一小步地完成的。把你的关注点放在你减少拖延后的收获上，并向着目标继续奋进。

除了战拖的技巧和策略以外，你还可以为科学文献找些参考依据。其中一些工作是很有前景的，比如近期的一些研究。我曾概括出一套关于拖延的理论，这项研究是针对这套理论中的一个环节进行的。但是，也有许多有关拖延的研究，都免不了有系统误差。大多数社会科学家做的都是针对学生群体的调查，相对于广阔的社会情境，相对于不同的人群和组织，这种学生样本有很大的局限性。此外，集中关注某一特质，比如拖延的研究，也会导致一种聚焦错觉，并成为一项显著的误差来源。加拿大卡尔加里大学的皮尔斯·斯蒂尔教授曾对拖延研究做过综述。这些系统误差，在综述涉及的研究中时有所见。或许在未来的十年里，我们会看到如何战拖的研究大量涌现，这些研究关注人们究竟可以做些什么，来改掉拖延的习惯。而在那之前，我们这套结合了认知、情绪和行为的“三管齐下”疗法，一直都是基于临床研究，并着眼于具体操作。而我们已知的“战拖”知识，也将陆续得到改善。

终结拖延症！你的计划——

在整本书中，并列了几十种不同的方法，可以帮你增进执行动机，减少拖延干扰。作为一项额外的工具，在每章的末尾，都有“终结拖延症！你的计划——”栏目，你可以在横线上记录你的“战拖”日志。你可以记下你觉得重要的事，你计划去做的事，执行计划时具体做的事，执行后的结果，以及你还可以做什么来学以致用。这项日志提供了一个持续不断的记录，方便你随时回顾你的收获，并运用你所学到的提升你的自信和成就。它包括四部分：关键思想、行动计划、实际操作以及已有收获。无论你是要提醒自己哪些方法对你有用，还是要制订你的行动计划，形成一整套行动方案，你都可以参考这些信息。

为了从拖延中释放出来，你可以做的事有很多。从长期自我教育的角度看，你重蹈拖延之路的可能性将减少。学会瞅紧机会，在那些可能通往拖延的借口小道上设置小障碍，你就不会滑入拖延的泥潭；意识到那些不快的情绪和感受是暂时的，并去接纳它们，你就不会因为这点正常的不适而退缩了；强制自己开始做出正确的行动，让自己的生活中烦恼少、成就多、更健康、更快乐。我们这就出发吧！

第一部分

认知方法

磨亮自我觉察，改变拖延思维

第 1 章

透视拖延，为改变而觉察

拖延现象仿佛一团迷雾。这种多变而又复杂的过程往往伴随着一系列借口、症状、笑话和可怕的故事。它有时是偶发的，有时是持续不断的；它有时显而易见，有时又善于伪装。在本章中，你将从不同的角度审视拖延现象，而且，你将学会根据所需的时间和资源来调整自己的期望值，采取矫正措施，对抗拖延行为。

保持警醒是认清拖延陷阱的第一步，这一点非常重要，这样才能做出积极的改变，以克服拖延习惯。不过，普通语义学（一门研究词语准确用法的教育类学科）的奠基人阿尔弗莱德·柯日布斯基曾经说过："地图并非真正的疆域，而是一种象征和指引。想了解真相就得去亲身体验。"那好，我们开始吧。

常见的拖延类型

拖延是对时效性活动所进行的不必要的推迟。这个定义适用于从回电话之类的小事到做商业计划之类的大事乃至戒烟等各种不同情形。

在你生活中那些相对不重要的方面，偶尔出现拖延，并不意味着世界末日。如果你平常每周去超市购物一次，只是某次推迟一天去，这种拖延是微不足道的。然而，如果你总是因为前一天所遗留下来的事情而压得喘不过气来，习惯性地拖延，那么即便你拖延的是不太重要的活动，也会给你带来挫败感。

不管你的拖延行为是阶段性的，还是旷日持久的，你都可以通过采取行动，终止拖延的习惯与行为模式来帮你突破以往给自己设置的局限。拖延行为本身的任何一方面，都可以转化成自己挣脱拖延的教材，因为只有你最清楚拖延是怎样让你变得缺乏自信和无能感的。拖延者与“时间管理”高手截然不同，“时间管理”高手崇尚巧妙工作、轻松工作并激励人们更加努力、成效更多。

拖延行为的起因多种多样，有些是社会性的，有些源于大脑的处事方式，有些由信念所导致，有些则是与气质或心境有关。某些形式的拖延也跟焦虑情绪有关，比如因为被评价和被判定而感觉不舒服。而拖延背后的动机，也存在个体差异。然而，正因为拖延情境的复杂多变以及拖延过程的一贯性，才使得拖延行为可以脱离具体条件成为可以专门研究的对象。相对于不同场合的，形式多样的且意想不到的拖延所耗费的精力和时间来说，改变恐慌反应的心理暗示用时更少更节省精力。我们先来看看拖延都有哪些常见类型吧。

期限拖延

最后期限都有一个时间节点，而且都和某种限制规则有关，这种限制规则，是你无法控制却必须服从的。在你想拖延的时候，你可能会想，是错过最后期限还是为了赶上期限而冲刺。这是一个常见的拖延场景。可以预见期限拖延，就是等到黄花菜快凉了，才开始匆匆追赶最后期限。

任何工作都由时间表、流程和截止日期所限定。假设你在制作公司的半年刊宣传册，为了在规定时间内做好，你需要完成一些步骤，比如内容准备和设计、打印、分发，这些都要参照时间表来做。如果不对这些行动进行管理，这个宣传册也许最终会以一个混乱的状态问世。

如果时间表和行动指南模糊不清，但最后期限却明晃晃地在那儿，你就会遇到麻烦。你可能会把没有明确说明的任务推后。如果一个任务的目标和说明都是清晰而确定的（时间、地点和方式），你就更容易立即开始。所以，对于你不确定的，要问；对于没有明确结构的，自己就设计一个。

对于某个长期而又复杂的项目，或许你有一个最后的期限，但它唯一的回报，却仅仅是你最终完成它的那一刻，所得到的那一点点轻松感。在这种情况下，你可能要面对另一个挑战了——你不得不在远离内在奖励机制的状况下坚持下去。鸽子在短期小回报下表现积极，而在需要更多努力的长期回报下，尽管回报更大，仍然会表现懈怠；猴子在回报遥不可及的情况下，就会表现得烦躁并且拖延。那些需要付出更多工作才能得到的遥远回报，往往导致拖延，在这点上，我们和其他哺乳动物并没有什么差别。人类也更倾向于获得短期回报，而低估更大的长期回报。对那些看起来复杂、模糊不清、前景不确定的工作，我们更倾向于迟迟不开始。一边是逃避复杂性引起的不适原始冲动，一边是我们用来解决问题的高级认知能力，两者之间的冲突，会干扰你做出理性的决定，并且导致拖延。复杂的长期项目，可能就可怕得如同一场风暴，除非你能事先做些准备。

那些包含最后期限的拖延情形，往往需要你再三权衡。毕竟，如果你还想领取薪水的话，你就要服从你所在公司的流程和时间表，并且避免拖延。你的公司得到你的工作成果，你也得到了你所需要的薪酬，那正是你提供的服务换来的。如果你手上的项目有一个最后期限，而且这个项目是那种既复杂又需要长期持续的工作，那么你可能别无选择，只能尽早开始，而且要投入大量的时间和精力。如果项目进程本身就足以为你提供内在的奖励，它本身或许就足够支撑你继续下去。否则，你就只有明智地把整项工作预先分块，为自己设置一些中间期限，并根据完成情况，定期奖励自己。

一项工作量大的长期工作，其进程很可能被拖延所影响。这时，使用表格提示的方法，也许会帮你认清工作的目标、最后期限、时间表，以及受拖延所影响的风险大小，如表 1-1 所示。

表 1-1　工作目标表

工作目标是什么	最后期限在哪里	项目关键步骤的时间表是怎样的	在整个流程中，很可能受到拖延干扰的地方都有哪些

要记住，在我们认知、情绪与行为三管齐下的“战拖”方案当中，对自己的拖延习惯保持觉察和认识是首要的一步。提醒物总是很管用的，因为人类的记忆难免犯错，而且有一些延迟就是由遗忘造成的。借助一些机械的流程，你可以自动地在许多方面做到守时，比如说，针对公共事业公司和抵押权人的自动付款系统会让你省事很多。而且，使用这些工具也可以大大提高效率。你可以使用到期备忘档案、日历标记系统、iPhone、掌上电脑以及手机备忘录，来帮你提醒那些重要的日子。

个人事务拖延

相对于所有的拖延现象来说，期限拖延只是冰山一角。更大也更严峻的挑战，则来自个人事务拖延。个人事务拖延就是习惯性地推迟你早该进行的活动。这种习惯性的推迟，会带给你不必要的恐惧，让你备感压抑。你身陷一份早就想摆脱的工作之中，压力巨大；你觉得自己有些怯懦，发誓某天要去参加一个自我肯定训练课程，但你现在呢，还是在看着电视、读着八卦杂志，不肯去做那些有助于你自我提升的活动。

由于自我发展活动只跟你自己有关，也由于它的开放性以及并没有明确的启动日期，所以个人事务拖延看起来也许不太像拖延。其实，它也符合拖延的定义。表 1-2 就是一个帮你明确自我发展需求的不同优先级的经典框架。在这套流程包含你最紧迫和最重要的自我发展计划和重点，以及其他值得你从事的活动。只做一些不重要、不紧迫的活动，而把更重要的事情丢在一旁，本身就是对时间和资源的浪费。当你把那些不重要和不紧迫的事情，置于你最重要的自我发展活动之上时，你就是在拖延，就是在用无关紧要的事情分散你的注意力。比如，你的身体健康已经受到威胁，可还是宁愿去看好莱坞八卦杂志，也不肯拿出点戒烟的行动来。你确实需要好好反思一下你正在做什么了。表 1-2 就是一个个人事务优先等级表范例。

表 1-2　个人事务优先等级表范例

任务	重要	有用	不重要
紧急	为了降低肺气肿和癌症的风险而戒烟	解决蛇类恐惧症，诸如公园中偶尔出现的蛇	邻居出于社交目的，催你加入当地的扑克俱乐部。这的确挺好玩，不过它远不足以排到任务清单的前列
不紧急	解决飞行恐惧症，不过最近并没有需要坐飞机的出行计划	整理电脑文件，存储相关数据	对好莱坞的新鲜八卦保持跟进

现在轮到你来想想了，试着完成表 1-3，仔细想想，对你来说最紧急、最重要的事情是什么？

表 1-3　个人事务优先等级表

任务	重要	有用	不重要
紧急			
不紧急			

遗漏。在个人事务拖延当中，你遗漏掉的，可能恰恰是最首要的那种事情（而把宝贵的时间花在了无关紧要的事情上）。迪克就在退休后把大量的时间花在了满腹牢骚当中：他抱怨他的一位女性朋友，以及这位朋友持续的痛苦和身体疾病如何影响了他的情绪；他抱怨被他看成“头疼脑热小组”（cold blanket squad）的组员，这个小组的成员们成天不是头疼就是脚痒，一边抱怨，一边死守现状，他觉得这些都让他心灰意冷；他抱怨那些消失了的机遇，那些荒芜了的岁月。不过，你有没有发现所有这些抱怨的共同点是什么？所有这些抱怨，都摆脱不了它们“转移注意力”的实质。

迪克填写了“个人事务优先等级表”，该表帮他把之前拖延的事情，分成了几个不同的类别。其中最重要的是，他想学习在电脑上进行远程会谈，这样他就可以直接联络到他的儿女们和孙子孙女们，他也想参观艺术中心、想旅游、想学习政治学。而他之前的那些抱怨，只会让他无法看清自己究竟在做什么：那时候他大都是白天睡大觉，晚上看电视。当他建立起事务优先等级，看清了抱怨毫无作用之后，不出所料，迪克马上就行动起来，去迎接自我发展的挑战了，而那些挑战也不再像先前那样显得神秘了。

简单拖延

简单拖延是一种不作为的拖延方式：当你觉得某一任务有些不顺手，或者让你感觉不愉快的时候，对其抗拒、退缩的反应，就是简单拖延。这种拖延，可能会以瞬间的犹豫作为起点。除非你能采取有效行动，迅速完成任务，否则这一瞬间的犹豫，可能就会触发拖延的自动反应。而犹豫的过程，可能与大脑的工作方式息息相关。

大脑会连接到一个“以后再做”的因素，或者自动减缓做出决策：大脑在对知觉信号（sensory signal）做出意志性反应（voluntarily react）时，所耗费的时间，要比预期的更长。究其原因，也许是因为高级心理过程，很难理解来自较低级的脑功能所发出的信号，从而产生了决策和延迟问题。大脑低级过程与认知决策过程的冲突，也许部分地解释了简单拖延不作为反应是如何开始的。如果这种冲突触发了你不愉快的感觉，你就会从“推迟”行为加剧到“拖延”的水平，而“以后再做”的因素又为这种加剧提供了可能的机制。不过，无论这种机制确实存在还是另有原因，解决方案都是相同的：必须采取行动，推翻这种生理抵制。

复杂拖延

当包含了相关的多重因素的拖延行为时，就属于复杂拖延了。复杂拖延，是指伴随着诸如“自我怀疑”或“完美主义”等其他因素的拖延行为。通常这种拖延具有多层结构，你可以拆分这些层次，并针对每层的子问题，用各个击破的方法予以解决。在不同层次之间存在着内部联系，所以当你对付某一层问题的时候，可能同时也会削弱它跟其他层之间的联系。比如，你总是被一种冲动所驱使，很容易被娱乐性的活动转移注意力；为了逃避重要的事情，你转而去做那些微不足道的事情，也许这样做的代价更大；你本要付你的账单，可你没去，却跑到赌场去一试运气；过后呢，为了暂时忘掉你新欠下的赌债，你又看起了电视。

即使你已经正视并且克服了这些并发因素，但你减少拖延的目标仍然不算是完全达成。你也许已经消除了这些复杂层次当中的一层，但拖延常常就像有自己的生命一样，一有机会就春风吹又生了。如果你想要真正卸下这副重担，你需要进一步对付习惯性的拖延：你需要改变拖延思维，锻炼情绪耐受力，并且行动起来，去追求高效率的目标。

症候、防御、反抗与坏习惯

拖延可能表现为一种症候、一种防御行为、一种成问题的习惯，或者由这些常见情况组成的复合体。拖延可能表现为某种模式复杂的症候，比如，为忧虑本身而担忧，却又迟迟不肯去学习能够解忧的认知处理技巧；无意义的忙乱，也是一种因为逃避不想面对的问题，从而导致潜在紧张的症状。这种忙乱是一种分心行为，就像是沿着一条死胡同狂奔到底，根本毫无意义。

识别拖延所表现出的症候也非常有用，它提醒我们那些需要认识和纠正，却一直被我们视而不见的遗漏。例如，英国博物学家查尔斯·达尔文曾经推迟了他的医学学业，不过他最终找到了自己真正兴趣的所在，提出了自己的生物进化理论。他的症状就是从医学院的学业中逃离出来。我们假设，你的家庭说服了你经营家里的运动物品商店，而你的确对经营商店毫无兴趣，但出于责任还是接受了。在你订货、做报表或处理人事问题的时候，拖延就会浮现出来；但在充分利用货架空间、装修商店或美化景观时，你却表现得迅捷而高效。那正是因为，你真正想做的是学习建筑学。你在工作中格外重视的那一方面，才是你真正的个人兴趣所在。

拖延可以是对某些状况的一种防御，像是对失败的害怕、焦虑，又或者是害怕责难，都属于这一类。如果你倾向于用完美主义的方式思考，而且觉得如果达不到你该达到的标准，你就不肯全心投入或者你宁愿先去干点儿别的——这样就导致了拖延。如果你的注意力被吸引在对失败的恐惧上，你就可能会遗漏掉一些很有希望的解决办法，像完美主义信念导致的拖延，就是这种情况。害怕成功是失败焦虑的另一种表现形式，它跟害怕失败的效果等价。如果你认定，获得了成功以后就要面对更艰巨的任务，并承担更大的压力，在这种思维模式下，现在先推迟一下，比以后承担失败的风险，所付出的代价反而会小得多。当然，对于这些，也还有其他解释。迟迟不肯反思这种评价恐惧，拖着不去采取可行的干预措施，从概念上来判断，当然也属于一种拖延。

只要能对付拖延的这些诱因，你就可以夺回你的主控权。不过话说回来，只要无意识的拖延习惯仍然存在，你也还会继续产生无意识的拖延冲动。

有些习惯本身并不会把你带往有用的目标，但它们还是会带着你盲人瞎马地一路继续下去，拖延的习惯也是这样。要对付无意识的拖延习惯，你可以有计划地对你的“战拖”策略进行过度练习（overpracticing），从而削弱无意识习惯的力量。

拖延一般是一种复杂的、成问题的反应过程。把拖延分解为症状、防御以及问题习惯这三类，可以提供一种框架，帮你明确在你拖延时到底发生了什么。对复杂拖延的良好评估，可以带你找到真正有效的战拖技术。如果你能准确找出潜伏在拖延背后的发生机制，你就能沿着更准确、更切中问题的方向进行矫正，或者通过你自己的阅读和研究，发现潜在的解决办法。

拖延的具体类型

导致拖延的原因形形色色。而拖延本身，也像服装一样千变万化，表现出不同的风格类型。如果你了解自己的拖延类型，就可以针对它而准确选择矫正方向，如此才能事半功倍。如果你仔细辨别了矫正努力的方向，你就不太可能走进死胡同，或者把时间浪费在错误的干预方式上。比如，那种躺在精神分析师的长椅上，把拖延与早年经历中的某个问题胡乱联系一通的做法，纯粹是一种障眼法。表 1-4 是一个划分拖延类型以及相应矫正行动的例子。

表 1-4　拖延类型及矫正行动

拖延类型	觉察与行动示范
行为性拖延（behavioral procrastination）是指当你计划、组织和发起行动时过早退出，因而没有得到预期的结果。比如，你花了一段时间为你的 42 个潜在兴趣收集资料，但这些资料现在全部堆在储藏柜里了；你的公司开会探讨新的市场机会，但探讨之后的跟进工作却几乎没有	觉察：你计划实施的项目常会半途而废吗？如果回答是肯定的，那么是哪些项目半途而废了，是在什么阶段，以哪种方式你让自己停了下来，原因是什么 行动：选择两个你有较大可能去启动并完成的项目，构想一个计划去突破瓶颈，当你执行计划，来到一处你通常会停止的地方时，遏制住你所有分心的冲动

（续）

拖延类型	觉察与行动示范
保健拖延（health procrastination）就是迟迟不肯做出有益健康的选择，以及推迟保健计划的实施或日常维护。此领域的拖延可能会给你的工作和生活都带来悲剧性的后果。 在做过心脏搭桥手术的患者中，大约一半的人不到三年就停止了服药，并且恢复了那些致病习惯。肥胖人群的健康风险更大，运动也许是最对症的一剂良方，但很少有人能坚持锻炼	觉察：你是否会逃避例行的医疗或牙齿检查、健康饮食以及日常锻炼？如果是，那么你在保健拖延时，都会找哪些借口 行动：采取积极的保健措施的意义是什么？为了解决你的保健拖延问题，你愿意采取哪三项具体而有效的行为，什么时候开始呢
反抗型拖延（reactance procrastination）是当你认为某种权利、便利或利益受到侵害时的一种反抗形式。当你坚信自由受到威胁时，你的感觉、思维和行为都变得反叛。你反抗所有令你受够了的劝告。最后期限干扰了你想做的其他事，你也会试着绕过它，以表示反抗。你很享受每天一大桶的冰激凌，于是很憎恨医生的减肥建议，不愿意少吃一些	觉察：为避免失去一项不健康的特权，宁可抗拒有利的改变，这种情况主要发生在你生活中的哪个方面 行动：快速做一个长期的利害分析。一个有害习惯，它所赖以长期维持的优势所在是什么，长期危害又是什么？权衡一下总体后果呢
改变拖延（change procrastination）就是回避改变。当你面对不确定的情形，感觉做事不顺手，或者过不去心坎的时候，这种反应就会变得频繁。当你讨厌自己总是放弃一件事去做另一件事，或者当改变挑战了你不愿意放弃的传统观点时，改变拖延就会和反抗型拖延相互叠加	觉察：为了压住内心对遭遇不确定性的恐慌，你停滞不前——这一般发生在哪些情况下？你又在心中找了何种理由来为这种延迟辩护 行动：改变是无从避免的。有哪三种改变是能给你带来好处你却回避的？你又通过阅读，学到了哪三种可以帮你完成改变的技巧？列出来看看
迟到型拖延（lateness procrastination）是一种很难戒除的习惯，你会习惯性地晚到，无论开会、约会还是社交活动。这种拖延类型具有鲜明的特点，每当你需要出发赴会时，你就开始打电话、冲澡、找文件，或做类似的一连串事情	觉察：如果你已经习惯于较晚出发，那么这种延迟行为有什么意义？一直迟到是否只因为向来如此 行动：你怎样激励自己，采取行动改变这种模式？为了避免出发太迟，在你的答录机上留言，说明你要做的那些步骤。然后在你出发前的一个小时去听留言

（续）

拖延类型	觉察与行动示范
学习拖延（learning procrastination），以及它的分支——学术拖延，指的是逃避研究和学习。与其他拖延分类相似，学习拖延也是一种复杂的拖延类型，它会发生在工作场所、学校和家里。 你买的那本关于管道工程的书怎样了，已经落满灰尘了吧	觉察：在哪些方面，你本可以通过学习扩展知识，但你却没坚持下来？你是怎样走上老路、停止学习的呢 行动：让你周围尽可能多地充斥着关于学习的提醒。这些提醒必须具体且可操作。先找一张钱包大小的卡片，写上三种方法，以提醒自己怎样应对拖延冲动以及学习时的分心
空头支票型拖延（promissory note procras-tination）是在你承诺自己要行动起来，跟进已拖延的事情时，发生的一种个人事务拖延。一个典型的例子就是，新年到来时你总是痛下一番决心，但许过的种种愿望呢，却根本没有坚持实施下去	觉察：你对自己承诺要完成哪些重要的改变？当你推迟了一些对你最有益的行动时，你都用了哪些借口来辩解呢 行动：假设有一个5分的评分系统，1分代表事实和真相，5分代表歪曲和谎言，你的借口可以打几分？如果你的借口毫无根据，做个行动计划，采取具体步骤，去实现你对自己的承诺吧
瞎忙型拖延（faffing procrastination），顾名思义，就是无目的地把时间消耗在无意义的行为上，或者表现得很忙却没有做出什么有价值的事情。处于瞎忙型拖延当中，你会总在抱怨忙啊忙啊忙，而这正是你落后的原因。忙啊忙啊忙，但是你又在忙些什么呢	觉察：如果你发现自己在一件又一件事情上忙得连轴转，却没有什么进展，你都是怎么说服自己，让这种荒诞的忙碌一直持续的 行动：反思并且辨认瞎忙过程的三个错误观点，比如相信“忙碌等同于出成果”；瞄准一个实际的目标，拒绝在杂务上分心；每天拿出一小时，去追求你最想要的成就
回避反对型拖延（disapproval avoidance procrastination）指的是这样一些习惯：小心翼翼以逃避反对，忍气吞声来避免冲突，尽量躲开可能招致批评的行为和局面。回避责难型拖延也会出现在其中自我保护很普遍，但想要避免反对意见几乎不可能，失去机会的代价会很沉重	觉察：想要跟别人融洽相处很正常。然而，为了避免反对意见，你是否做出了太大的让步，付出了过高的代价？你是否避免维护个人权利，并且拖着不去努力，学习适当的坚定技巧 行动：想想你希望在人际关系方面达到哪些目的。如果你的目标是和别人取得平等地位，那么你需要采取哪些步骤来克制拖延，学会真实地表达自我

（续）

拖延类型	觉察与行动示范
回避责难型拖延（blame avoidance procras-tination）。我们生活在责难文化之中，在这里责难与避免责难是普遍存在的大问题。在回避责难型拖延中，你会逃避那些会招致批评的境况，并且试图掩盖那些明显的错误与失败。回避责难，本是为了维持一种积极的公众形象，但它包含了诸如推卸责任、舆论引导、文过饰非、寻找漏洞、制造借口这样的行为。单位组织是产生回避责难行为的温床	觉察：如果我们总是用责难的方式来处理责任问题，那还要法律做什么。不过，责难在单位中是一种普遍存在的因素，而避免责难的更好方式是当别人拖延时你继续前进 行动：找到你工作中能果断控制的领域，把自己变成这个领域的专家。你就不用太为责难而费神了。当你把时间投入到开发你的能力中时，你的工作价值会增加，责难也会相应减少。比较巧妙而优雅的解决方式，是守护你的阵地，而非守护你自身。要无条件地接纳自己

在不同的情形中，不同类型的拖延会风格各异地浮现出来。然而埋藏在下面的拖延过程却大致相当。所以，当你认识到这种埋藏在下面的过程时，你就能够利用这个知识，解决背景、类型各异的拖延问题。

自我倾注视角对自我观察视角

了解拖延的习惯，是做出改变的关键一步。了解一些将出现的障碍，为终结拖延做些准备，会更好一些。你会知道应该把视线投向哪里，把目标定在哪里。了解一些背后的过程是怎样发挥作用的，会在将来帮助你更好地试验那些战拖理念与技术，即便你并没有兴趣现在就搞定拖延。

要从拖延的道路转移到高效率的道路上，第一步通常是这样一种转变：从拖延过程及其思维、感觉和行为当中的自我倾注状态，切换到一种问题解决式的自我观察状态。身处自我倾注状态时，你的注意力投向了自己内部。你为你的感受、为你在别人眼中的形象或者为你是否足够完美而担忧。如果你沉陷在这种焦虑的想法和感受当中，你也许会发现，把注意力放在你的高效目标上，就成了一件困难的事情。如果你总是闷闷不乐，拖延的想法也会挥之不去。这种指向内在的视角，表现于外在时，就形成了拖延。

在觉察和行动的过程中，自我观察的视角是一种简洁而优美的选择。这种视角，包含了从内在转向客观现实的根本转变。

（1）监控你的想法、感受和行为，做一个知觉检查；

（2）用一种科学的方式，基于观察，得出有理有据的推理和论断；

（3）预测所有不同情况的结果；

（4）理智地行动，以达到自己推论出的积极结果；

（5）从计划的战拖措施中学习，并运用你新学到的东西。

在一次又一次实践的基础上，你的视角能够从自我倾注根本性地扭转到自我观察。这种转变不像做研究那样，要花很多年打基础才能完成。你可以马上开始这种转变。无论如何，一步步控制住拖延，是一个持续一生的过程，但它也会变得越来越简单易行。当你自我观察的努力得到的回报逐步累积时，你继续这种“立即行动”的方式就会更有动力了。

做拖延日志增进你对拖延的觉察

拖延日志是用来追踪你拖延时所作所为的觉察工具。在拖延时记录下你的思想、感受和行动，这增进了对拖延心理的觉察。它是对你的思维进行再思考，并找出你的思维、情绪、行动以及结果之间的联系的能力。如果你喜欢更随意的形式，那就写一篇记叙文，对拖延时发生的事件作一个实况报道。

当你产生了延迟的冲动时，开始记录你对自己说了什么，以及你的感觉如何。记下你分心的活动。如果不能马上记录，那么一旦有可能就立刻记，并且要记得尽可能具体详细以便于回溯。

你也许会发现，在你坚持下去时，记录你的想法、感受以及行为也同样重要。从你坚持下去的行为中，你可以学到哪些东西，然后应用于改善拖延的情况呢？

通过明确你拖延时所发生的事情，你就到达了一个关键点——注意，这个关键点是指理解这个过程，并用“立即行动”的改变来打断它。不过，个体的改变一般来说是循序渐进而非立竿见影的。尝试和整合新的自我观察式的思维、感受和行动，需要实践和时间。新的习惯将会跟自成一体、根深蒂固的自我倾注式拖延相竞争。无论如何，一旦你进入了改变的过程，你会发现，进一步的发展会越来越容易，越来越简单。

从拖延到高效：五步改变法

五步改变法的流程是：觉察、行动、调节、接纳自己和自我实现。我最初使用这套方法，是在早期的研讨班，以及针对想终止拖延的人所进行的团体咨询中。这个流程设定了一个自我观察的视角，就是把战拖程序整合成强有力的过程的一种方式。

在这个动态的变化系统中，五步之间相互作用，只是每一步的优先考虑的事情会不同。行动也许会导致深刻的觉察；调节包括觉察不恰当或矛盾的部分并将其调整为合适的；自我接纳可以使新方法和新行为的实践变得更容易；在自我实现这一步，你拓展自己以发现自身的极限，随着拓展的持续，你可能会发现原来界限被超越了；这个发现通过自我调节的努力又增进了觉察你能够做到什么。下面介绍五个步骤是如何发挥作用的。

第一步：觉察

觉察被列在改变的第一步。在用拖延以及“立即行动”的方法处理问题时，你有意地让你对自己所想所为的认识清晰而敏锐起来。运用你所学到的知识，将视角从自我倾注彻底扭转为自我观察。对你的思维进行再思考，让你的目标清晰化。你在行动时始终进行着自我调节，以尽力增加高效率行为的方式，得知你能为减少拖延做些什么。这是一种通过富有成效的努力，来实现自我发掘的方法。

改变的积极行动。在对情况逐个分析的基础上，描绘并追踪你拖延时的所作所为。辨析各种情况的相似和不同之处。把“立即行动”、拖延和它们的结果连接起来。结果当中，也包括完成任务的方式和质量，回答下面的问题。

- 处于“立即行动”模式时，你感受到的压力是怎样的？（它通常带来一种能化为动力的压力，或称为正压力。）

- 拖延一项紧迫而重要的活动时，你又感受到什么样的压力？（拖延倾向于伴随各种不安，或称为负压力。）从这个信息中你能总结出什么呢？

第二步：行动

行动是你改变当中的实践部分。在这一部分中，你对想法和主意进行积极的测试，看你能如何通过努力来产出成效，同时反思你追求积极结果的过程，看它们带来了哪些观念和情绪上的转变。

在这基础的一步中，你一点一点地检测到自己的不切实际想法。就好像学开车一样，书上的文字能告诉你怎样做，但真正的学习还是在上车后开始的。也许你永远都不会是个优秀的司机，但是通过实践和经验，你能够提升技能，成为一名合格的司机。

克服拖延的开始与此相似。你也许从来都达不到绝对高效，但在自我学习与发展的领域里能够胜任。通过开展具体的行动，你会取得卓有成效的进步。

改变的积极行动。觉察是理论上的第一步，但也不一定非要作为第一步。在其他研究中，行动也能够促进新的觉察。你可以从任何一步进入改变的程序，比如说体验“立即行动”，看看在此过程中，你对作为改革者的自己有了哪些认识。就像对待科学假说一样，构建实验步骤，来发展前面提到的“永不失败”的理念。像科学家一样，检验你采取的行动是否会带来期望中的收获。

- 与你自己订立契约，执行前述步骤，在你的拖延过程中引入某种改变。在有分心冲动的时候，忍受冲动坚持五分钟，看看会发生什么。你从中学到了什么呢？

- 检察完这五分钟的冲动后，着手实行“立即行动”。发生了什么呢，你学到了什么呢？

第三步：调节

调节是改变中认知整合的部分，也是我最喜欢的部分。在这一步，高效和拖延两种观点并列、冲突、矛盾着，你辗转于其中。例如，“明天再做”与“立即行动”的观点不相融。你没法等到明天且“立即行动”。

改变的积极行动。调节思考、感觉和行动的新方式，首先包括体验新的感受、思维和行动，大脑需要花一段时间来适应它们。

- 比较拖延和“立即行动”的观点。认为“稍后更好”时你得到了什么？当使用“立即行动”方式时你得到了什么？是什么使得推迟看似充满希望，实际效果却大相径庭？
- 有没有可能从逃避努力和工作的拖延模式，切换到追求高效的模式？在追求高效的过程中，可否包含对顽固拖延过程的观察，以及对拖延弱点和缺陷的识别？
- 你是否能够停止抱怨，转向积极的目标呢？有些抱怨只会加重拖延。例如“这对我来说太复杂了”可以转为“我能搞定第一步”。如果你一开始觉得事情过于复杂，但还是可以搞定第一步，你就找到了拖延的一个矛盾之处。

- 如果你说自己在压力下工作会更出色，那为什么不有计划地把事情搁置到最后一刻再做呢？如果你说自己在压力下工作会更出色，接着又发誓再不把自己置于这种精神折磨之下，这两者能并存吗？
- 在寻找与检视拖延悖论的过程中，你能够学到些什么？一个关于拖延悖论的例子是，你在压力下工作更出色，然而你又想下次能够明智一些早点开始。可能的解释是这样的：你并不是真的能在压力下干得更好，你只是在压力下更容易开始而已。

第四步　接纳自己

在改变过程中，接纳自己是指你接受真实是什么的现实，而不是你心中的那个应该是什么的现实。接纳自己增强了你的忍受力，这样就能够释放出那些被自责、怀疑和助长恐惧的念头吞噬掉的能量。接纳自己是理性的认知，也是情绪上的整合变化。接纳自己看似是让人沉静安稳，但当你将它转换为你心甘情愿的体验，并且希望探知自己变化和成长的极限时，它也是积极振奋的力量。

改变的积极行动。接纳意味着对差异的认识。你生活的哪些部分进展顺利，你是如何达到那种状态的？在生命中的哪些时期你不能很好地调节自己的行为？你有没有可能接受现状，但同时仍然考虑采取有益的行动来改善？再问问自己这几个问题。

- 如果你拖延了，好吧，那就是确实拖延了。不过现在，如果愿意的话，你能够做哪些事来改变这种状态，让自己好起来呢？

- 你生活在一个怎样的世界——是一个需要适应不同情况的多元世界，还是一个用系统化和程序化的方式和日程安排来解决所有问题的世界？有没有可能让两种视角并存？
- 在这个情绪整合阶段中，你学到了什么？

战拖小贴士

CHANGE计划

攻克（conquer）：要攻克拖延，就要把难题拆分为容易掌控的小部分。

坚持（hang in）：坚持积极的“立即行动”计划，直到它变成一种条件反射。

适应（adapt）：始终寻找“立即行动”的机会，同时学会适应环境的不断变化。

抵制（negate）：抵制分心，坚持做最重要的事。

增进（gain）：总结那些你做得好并且可以重复的地方，以增加你的经验。

想象（envision）：想象下一个“立即行动”的步骤，向着新的有成效的目标前进。

第五步：自我实现

自我实现，通常被描绘为一种类似高峰体验的神秘过程。它可以是一种佛陀般无欲的状态，也可以是一种超越文化与时空，与全人类在观念和情感上相连的心境。你也可以把“自我实现”看作尽力拓展和开发你的能力与资源，在那些你认为值得而且必须努力的领域中，促成有意义的改变。我更倾向于在这个意义上来使用“自我实现”这个概念。

改变的积极行动。坚持到底对于“自我实现”的意义，就像是水对植物生长的意义。如果要重新书写你的人生，你将采取哪些行动，在哪些你认为有价值的领域中，去卓有成效地探寻自身能力的极限呢？你需要再问自己几个问题。

- 在你人生的某个时期或领域，有哪些有效的思想或行为，你可以有效地运用去克服拖延？
- 组织和调节你的思想和行为，是否能够让你尽最大的努力完成任务？
- 当你在这些步骤的指引下“自我实现”时，你对自己又有了哪些认识呢？

有些改变是立竿见影的，比如变换造型，或者度一次假，并以这些行动来作为改变的开始。但是另一些需要与不良习惯作斗争的改变，却是需要花费时间，经历一个过程的。

从拖延模式转变到高效模式，不可能像打个响指那么简单。从认知、情绪和行为三方面解开拖延乱麻，需要一个斗争的过程：驳斥非理性的拖延思维，学习容忍压力而不是轻易向逃避让步，建立一种高效工作而尽量不分心的行为模式。

在这个过程中，经过你的练习、练习、再练习，终会有一天你发现自己会自发地努力去追求高效率，就像以前不由自主地去逃避一样。你可以反复地尝试“五步改变法”，以促进成果。

法国心理学家和教育家朱尔斯·贝约尔（Jules Payot）认为："绝大多数人的目标是尽量不动脑子地生活。”如果你想立刻变得与众不同，那就主动发起一场改变活动吧，拓展你战胜拖延的能力。

在此过程中，你可能将面临各种挑战。因为既没有一个清晰的起点，也没有终点，改变是贯穿一生、永不停歇的过程。这个过程包括努力学习自我觉察。努力是必需的，你什么时候不付出努力就取得成就了？通过表 1-5，你可以检验这个过程，看你是否改变了拖延行为。

表 1-5　五步改变法

积极的改变行动
觉察：
行动：
调节：
接纳自己：
自我实现：

哥伦比亚大学教授，神话学者约瑟夫·坎贝尔在那些关于英雄的传说中，看到了这种模式：事情都是环环相扣的，英雄只是知道了如何运用这种关联性而已。这是一种挑战，那么，你是否准备好去迎接挑战了？

终结拖延症！你的计划——

即便是最积极的改变，也都将面临一个调适的过程，以及随之而来的压力。当你期待去改变一个长期形成的熟练流程时，这种期待，就会唤起你的压力。你也许会拖延。不过，如果你把一些不愉快看作生活与改变中正常的一部分，你就更有可能前进下去。

如何有效处理拖延，你已经想到了哪三种对策？用笔写下来。

1.

2.

3.

要想从拖延转向高效率行动，你最有把握的三个行动是什么？用笔写下来。

1.

2.

3.

你已经实际做了哪些事，来执行你的行动计划？用笔写下来。

1.

2.

3.

在运用你的对策，执行行动计划的过程中，你学到了哪些有用的东西？用笔写下来。

1.

2.

3.

第 2 章

斩断拖延思维

19 世纪初，一位匿名作者出版了一本书《拖延的愚行》，书中讲述了两位年轻的兄弟——爱德华·马丁和查尔斯·马丁的故事。他们一个拖延，一个不拖延。爱德华早早地开始做功课，也早早地做完。查尔斯则恰恰相反。放学后，他把书本扔在一边，对自己说："噢，还早呢，晚上再做功课吧！"然后就开始玩。夜幕降临，他觉得很困，他又告诉自己："噢，我可以明早上学之前再做。"到了早晨，查尔斯又把时间往后推了。时间一点点过去，查尔斯发现，他不知道该从何下手了。他在那些"讨厌的"作业上草草地写上几个答案，就急匆匆地赶去学校。

这种"待会儿再做"的心态，就像一张借据。它相当于预支"现在就玩"的特权，以后再为现在买单。可是每当借款到期之时，甚至不用等到那个时候，你往往就会发现利息的高昂。

我们在各种场景——不论是职场、家中还是大学校园里，事实上，在任何能发现拖延的场合中，都能看到这种"稍后幻觉"（later illusion）的破灭。这样的思维模式，是一种"认知转向"

（cognitive diversion）：它让你暂时绕开紧迫的事情，先走上一条看似更安全的岔道。

就像变色龙一样，拖延的思维模式，也会随着推迟行为的类型、场合不同而发生变化。推迟写文章的教授可能会说："我得先多做点研究才行。"在职场中你可能会听到："我有太多电子邮件要先回。"你也可能听到被动一点儿的解释，比如"别人给我的反馈太慢了。"这种被动化的声音，就像伪装设备一样，掩盖了延误的具体原因。

一旦开始拖延，自我欺骗就会接踵而至。你会想："我应该休息会儿，待会儿我再继续。"你通常都不会好好检查一下，这些分心的理由是不是讲得通。

来吧，我们商量商量，该怎样打败你的拖延思维。我们一起看看，这种思维的具体形式和导向，以及你可以拿什么来替代它。我们先看几种拖延思维的实例。之后，你可以找到多种解决方案去战胜拖延思维，进而成为一个干练的、高效的人。

拖延思维的种类

歌手兼演员迪恩·马丁，在歌曲《明天》中捕捉到了这种"稍后思维"（later thinking）的精髓。在这首歌中，马丁唱到一扇破损的窗户、一个滴水的龙头，以及其他拖延的后果。他反复唱着一句歌词："明天马上就到。"词作者很了解这种经典的拖延思维效果：既然"将来做"总是更合适，于是"现在"可以做得很少。

拖延思维是一种心理上开小差的方式，或者说是一种回避紧迫而重要活动的方式。这种思维方式的具体内容可以千变万化，却传达出同样的信息。“我得把这个点子再斟酌斟酌”或“我先睡会儿、休息好了再做”等想法，很可能是正在拖延的信号。当你感到疲乏而难以集中注意力时，打个盹儿当然是个好主意，不过如果你正打算睡，却发现可以跟朋友聊上几句，而且马上就精神抖擞了，那么这个“打个盹儿”的想法就变得很可疑了。

“明天再做”的思维

“明日复明日”的陷阱，机巧而复杂。不过，你还是可以在另一个层次上运用这种思维。在“明天再做”思维的外衣下，你执行一项任务的条件依赖于先完成另一项。这样你就有理由推迟那些原本紧急的任务了。通过这种条件化的思维形式，你就成功地把一项意外任务与另一项拴在一起，然后把它们统统推迟！

你想拿到 MBA 学位，因为你能预见到它对你大有裨益，你想得到这些好处。你坚信从课程中得到的知识和学位给你带来的地位会开启光辉的职业前途，并且获得收入上的显著增长。但是，你对自己说，你得先收集和消化所有相关的 MBA 项目信息，以确保正在申请的项目是最好的。然后，你在搜集材料的时候拖拖拉拉。当你拿到材料后，你又拖着不去看它们。好一个美妙的“明日复明日”情节：面对紧要的事情，你却通过新的细枝末节，去逃避真正的挑战。

另一种关于紧急事件的思维是，你觉得应急的状态会让你变得积极和灵感迸发。感觉良好是你行动的绿灯。所以，除非你被逼到绝境，否则你很容易受到诱惑，推迟所有你不喜欢的事情。

另一种情绪应急状态是，你得等待有灵感时才开始。但是，像归档工作单这样的任务，谁会有灵感呢？你喜欢做什么，并不是一个问题，问题是，你不断推迟行动，被动地等待不可预期的情绪状态的来临。或许你也会不时地体验到一种情绪状态，在那种状态中，你的问题是可控的，你不会受到负面事件的影响，可以非常有效地完成你通常会推迟的任务。因此，“有灵感时你会做得更好”也不是毫无道理的，可问题是，这种情况多久才发生一次呢？

倒推策略

在“倒推策略”中，你告诉自己，得先知道自己是怎么变得拖延的，才可能战胜拖延。否则一定会一再重复这一模式。你告诉自己，直到有时间完成一次考古之旅，探索灵魂深处，你才可能从拖延中解脱。好吧，你可算是找到一个永远拖下去的完美借口了！

这个策略很唬人，它很像是为有关“自我”的深远问题寻找深刻的答案，听起来就像一种深思熟虑的行为。但是，就像其他应急策略一样，倒推策略所服务的对象也是逃避，逃避，再逃避。

还没有明确的科学证据能够表明，通过彻底搜索不完整的、有偏差的记忆以探索无意识领域，可以减少拖延。当然，了解你今天是因为做了什么而引起不必要的拖延，还是有用的。比如，认识拖延思维，就提供让你改变你的想法的机会，着手去做目前重要的事。

自设障碍与拖延

“自设障碍”是心理学家埃德温·琼斯（Edwin Jones）和斯蒂文·伯格莱斯（Steven Berglas）创造出的词，它描述了一种认知过程，这种过程可以在处理你擅长或不擅长的任务或目标时帮你提高自尊心。“自设障碍”在你的拖延过程中起到了关键作用。通过归咎于那些难以控制的障碍，你可以在表现有失水准或失败时保存一点颜面。你真该好好谢谢那个创造了这种稳赢不输的自我保护形式的人。但是，这么做会不会也有代价呢？代价很可能就是，你从此走上了拖延之路、平庸之路。

下面就是一个自设障碍如何助长拖延的实例：你的老板交给你一个新任务，她认为目前经济紧张，你应该与公司的供货商重新洽谈新的购买合同。她想在不影响利润空间的前提下降低成本，提高竞争优势。她认为这是一个提升市场占有率的机会。

你却有着别的想法。你也许有能力实现这个计划，但你不是很确定。为了回避对自己的压缩价格谈判能力的焦虑，你告诉自己以及别人你老板的异想天开。供应商不肯让步。于是，基于这个自我保护的设想，你在安排会议时拖拖拉拉，谈判时心不在焉，最终实现了这个“预言”。你同时还强化了“老板异想天开”这个信念。

自设障碍在职场中是很常见的。你可以说，你本来能按时完成任务的——如果你有更好的下属、更多资金、上级积极配合，以及每天更多时间……办公室政治也是干扰：别人没有完成分内的工作，或者你被架空了因为你没有及时得到供给，或者电脑又崩溃了，或者公司顾问把系统搞乱了。如果你面临着一个更加训练有素的竞争者，你是否会用“没有成功的可能”来自设障碍呢？

为什么一个理性的人，还会有意无意地通过“自设障碍”来降低自己的绩效表现？通常认为是“社会性焦虑和恐惧”的原因，为了避免让他人失望，避免被否定（出于对评价的焦虑），是一种维护形象、逃避或疏导紧张状态的权宜之计。

自设障碍的圈套也是很容易突破。如果你想要激发自己的活力，你可以考虑，通过反思“永不犯错”，问你自己几个问题。

- **为了迈出第一步，你可以应用哪些个人资源？**思考一下你考虑问题的方式。你是否因为断定某状况为太难、太复杂、太不愉快、太不可行，从而拖延？如果是这样，就给你的思维过程来一点改变。先提问并且找出答案：是什么让这项任务变得如此艰难？把信念、猜测与事实分开。想想中国哲人老子（公元前604—531年）反复引证的洞见：千里之行，始于足下。
- **自设障碍是否跟你期望的长远目标相矛盾呢？**如果是这样，需要改变的是什么呢？下一次当自设障碍的信念开始出现，并且模糊了事实的真相时，你能做哪些不一样的准备？比如说，把自设障碍式的拖延思维，当成一个长期存在的错误来认识，同时知道你还是可以纠正它，你就已经让拖延思维的这种具体形式“见光”了。

- **仅仅“意识到”能否阻止自设障碍吗?**“意识到”当然只是一个开始。通常情况下，你可以把设限的自我陈述跟“立即行动”的思维和行为进行比较，来提升这种意识。在本章后面部分，我们会向你介绍，怎样去创造并维持一种富有成效的“立即行动”思维。

反事实思维

“反事实思维”针对是并没有发生的，但如果你采取了另一种方案，结果也许就会发生改变的对事件的看法。一种类型是向上的反事实，它是对过去已经发生了的事件，想象如果你这样做，就有可能出现比真实情况更好的结果。这种思考，有可能会发展成自责，也有可能为将来的计划提供有用的指导。

有向上反事实，就有向下反事实——如果我当时不这么做，结果可能更糟。

你得小心向上反事实，它会让你自我感觉糟糕。如果你不允许在过去、现在、未来犯错，反事实思维会是一场灾难。如果所谓的“事后反省”变调了，成了检查哪些事情你本应该事先预计到（却没有预计到），这就可能成为一种功能障碍。

“向下”的反事实思维，反而更加“积极向上”一些，一是因为你把自己跟事情分离开来，二是因为想到事情本来可能会更糟，你的感觉会好一些。

跟向上反事实相比，向下反事实的看法，更能让你对自己的表现满意一些。比如说，获得奥运会银牌的运动员倾向于陷入“假如自己当时能怎样怎样，就可以获得金牌”这样的想法当中，而获得铜牌的运动员则容易想到，“幸亏怎样怎样，才不至于滑出前三名”。

在焦虑环境中，向上反事实思维会导致更严重的拖延。如果反事实情形与自设障碍联系在一起，那么人就倾向于原谅自己的拖延行为，以获得更多的自尊。如果延迟导致了不佳表现，人会用两种方式维护自己的自尊：“其实如果我准备报告时没有拖延，可能就已经得到晋升了。”当这两种因素联合起来时，要改进你的表现，就变得更加困难了。

在不同的情况下，“原本可以”（could have）的思维方式会有不同的效果。如果你认为下一次自己也无力采取更好的行动，那么这样的想法会让你非常沮丧。你也可能会考虑今后怎样才能做得更好，并计划采取能给你带来更好机会的行为。你有更好的选择：选择向下反事实思维，帮自己保存颜面。

- 公元一世纪的罗马皇帝马可·奥勒留曾经说过：“过去的已经过去，将来的仍属未知。”如果你了解了这句话的真谛，你就会知道虽然已经发生的改变不了，你还是可以在今天采取更好的行动，塑造美好的未来。
- “原本可以”的超现实思维方式，可能会带来更严重的拖延。这是完全可以避免的。通过反思和计划，你就可以让你的

"原本可以"（could haves）少一些，让"真就做到了"（have done）多一些。

- 你能够逆转反事实思维，把诸如"我本来可以做得更好"修正为正确的反思。如果伴随反事实思维的，是一个被推迟了的尝试，就利用这个机会，去计划一个更有希望的战拖策略：你最希望完成什么？你能采取哪些改进措施？你什么时候实施它们？你怎样衡量效果？你怎么才能知道何时该调整计划？
- 你可以进行透彻的分析，还可以做出最佳计划，但除非你把计划付诸实践，否则仍然只是幻想纸上谈兵自娱自乐，没有任何长进。为什么拖延本身会成为你战拖方案中的拦路虎？遇到"大脑短路"以及分心行为时，你又准备如何应对呢？

拖延思维是一种自动化的习惯，但是一旦你清醒地意识到这种习惯，你就具备了摆脱它的条件。这里有一些抑制这种自动思维的技巧：①监视你的念头；②识别分心心理（mental diversion）；③对分心心理发起质问；④强迫自己去坚持原计划。

调整拖延思维的 ABCDE 方法

在诸多心理自助系统的建立者中，美国心理学家艾伯特·埃利斯（Albert Ellis）是独特的一位。他提炼了爱比克泰德

（Epictetus）哲学的核心思想，并把它们整合到一种新方法中，这种强有力的方法，被称为“合理情绪行为疗法”（rational emotive behavior therapy，REBT）。你可用应用这种方法来降低压力增进健康，并终结“拖延症”。

对人类本性的复杂性 REBT 方法本身的研究，都支持了这种方法作为认知行为疗法基础方法的有效性。

埃利斯有个著名的 ABCDE 方法，你可以学习用来对抗拖延思维。这个系统提供了一套框架，用以组织关于拖延的信息，并且描述了怎样挑战并改变拖延思维，以下是它的具体框架模型。

- A（aversive or activating）代表了诱发性事件，它涉及的范围非常广泛，不管是为了减肥而放弃你最爱的料理，还是职业生涯转型，或者是运转一个困难的项目，都可以作为诱发性事件。
- B（believe）是指个体在遇到诱发事件后的相应而生的信念，即他对这一事件的看法、解释、评估。不论是冷静的还是惊恐的，理性的还是非理性的，这些信念都经常出现。非理性的拖延信念包括“以后再做”等，而理性信念则包含“立即行动”。如何解决“以后再做”和“立即行动”之间的冲突，决定了你将走上拖延还是立即行动的道路。
- C（consequences）是指特定情景下，个体的情绪及行为的结果。对于那些不愉快却迫在眉睫的任务，你持有了某种信念，而这种信念的产物，就是这种结果。
- D（disputing）表示对拖延思维进行劝导干预，并且用基于事实的对立信念，去替代原来的想法。

- E（effect）是指质疑、挑战和对抗拖延思维所产生的效果。这种效果可能是外界所期待的，也可能是你个人所期待的。

对拖延的思维方式进行质疑，你就能减少它自动发作的概率。对拖延思维方式最有力的质疑，应该具有如下特点：①具体，且有明确答案的：何时、何地、做什么以及如何做；②科学，因为它们需要有明确答案；③开放、灵活，有不止一个答案。下面的这些质疑就可以应用于对抗“以后再做”的想法：

- 以后再做：先给家里打个电话，然后再安排日程表。

  质疑范例：现在先列出日程表，再给家里打电话，又会怎样呢?

  回答范例：我将会打破拖延的链条，并且搞定压在我身上的任务。

- “以后再做”的借口：我还是先研究一下这个问题，再处理我的工作压力吧。

  质疑范例：在我做研究的时候我又怎样应对我的工作压力呢?

  回答范例：我可以马上着手处理我的工作压力，并且可以运用我减压的效果来进行我下一步的研究。

在D阶段，你可以在质疑拖延思维的过程中完善你的批判性思维技能。

可以用来识别并根除拖延思维的质疑方式，几乎有无数种：你对自己的要求和你对目标状态的信念是什么？这种信念是假设还是事实？有没有可靠的依据支持你对局势的判断？你能否把你的信念当作一种假说，并对它检验？这些质疑，是否有助于你建立一个更符合实际的视角？

如果你更喜欢使用那些经过检验的成套质疑方法，下面有些现成的工具可以满足你的要求。理性思维有六个标准，通过这套标准，你就可以把所有可疑的压力思维，跟你觉得属于“立即行动”的思维进行对比，找出它们之间的差异（见表 2-1）。

你对这些问题的答案，将成为对抗拖延思维中非理性部分的有力论据。另外，“暂停并反思”这一行为，切断了拖延的冲动，让整个系统发生了变化，让你重新审视你所面临的情境。

现在我们来看看下面这个 ABCDE 方法的例子，它展示了如何通过“立即行动”的视角对抗拖延思维。你还记得引言里提到的简的拖延模式吗？来看看她是怎样使用 ABCDE 方法的。

表 2-1 用于审视不同思维视角的问题

拖延视角		
拖延和转向性的行动与思维，是不是真的	**是**	**否**
1. 符合现实和你的价值观？		
2. 有利于你的表现？		
3. 能对相关责任人产生积极作用？		
4. 有利于情绪的放松和舒适？		
5. 有利于形成健康的生活方式或习惯？		
6. 有利于对经验的开放性，而且在变化的条件下具有灵活性？		

（续）

"立即行动"视角		
在合理时间内，以合理方式坚持下去，是不是真的能	**是**	**否**
1. 符合现实和你的价值观？		
2. 有利于你的表现？		
3. 能对相关责任人产生积极作用？		
4. 有利于情绪的放松和舒适？		
5. 有利于形成健康的生活方式或习惯？		
6. 有利于对经验的开放性，而且在变化的条件下具有灵活性？		

简的拖延模式是，一开始她就认为撰写季度财务报告的任务做起来复杂、艰巨又难受。虽然从前完成过类似的报告，每一次写新的报告时她还是感到不确定，对自己是否有能力高效地完成报告充满了焦虑。她通过割草坪和聊天等方式来逃避任务——这支逃避之舞，跳得又蹩脚又难受。每次决定再推一推，她总能感到松了一口气。在跟邻居闲聊推迟目标的时候，她也有这种短暂满足感。拖延带来了短暂的放松，但随之而来的，却总是更大的压力。她总能听到内心有一个声音，在唠叨着她的拖延。这个声音带来无尽的压力，让她憎恨，却又无法摆脱。

截止日期逐渐逼近，简不能再拖了，否则工作就保不住了。她进入恐慌状态，开始了最后一刻的冲刺。她没能赶上截止日期，只好给自己的拖延找了些借口，并且得到了延期。她哀叹，如果早一点开始，她可以做得更好的。可每当遇到类似情况时，历史还是一次次地重演。直到她运用 ABCDE 方法打破了这一拖延模式。

简的“A”是日益逼近截止日期的撰写财务报告。她把撰写报告看成复杂和困难的事。她不知道该从哪儿开始，因此只是围着任务团团转，同时期待着灵感突然降临。简期望做到完美。她的自我怀疑，部分源自她害怕自己的能力并不像她“该有的”那么强。她认为这个项目是一个威胁，觉得从中体验到的紧张难以承受。也就是说，她的拖延成因是很复杂的。

指望同时处理拖延模式中的所有要素，就像一边开车一边看书一样是不现实的。所以，简以埃利斯的 ABCDE 方法为指导，对她“以后再做”的想法进行处理。她要求自己：①对“以后再做”的思维进行隔离处理；②从“立即行动”的视角，引入与拖延思维相反的信念；③通过实事求是地看待报告，来努力管理自己的感受。

在 ABC 阶段，简描绘出了她的拖延模式。一旦她给思维过程画出了一幅地图，她就掌握了主动权，可以近距离地审视那些思维状态的实际有效性。这就带我们来到了 D 阶段。

简运用爱比克泰德的沉思法，控制感观以达到新的效果。由于她一开始并不熟悉对付拖延思维的 ABC 方法，她要先让自己熟悉这个系统。她发现，要学会这个系统，最好的办法，就是直接把它运用到自己最急迫的拖延问题中。

简的拖延习惯当中，包含了“以后再做”的想法。表 2-2 让简决心从这种思维中解放了出来。

艾伯特·埃利斯的合理情绪行为疗法当中，包含了主动的行为训练。因此，只要具备“立即行动”的想法，就能够顺利地进行行为训练。行为训练是一种暴露疗法，是克服对表现不佳的焦虑和恐惧，并提升自信的黄金标准。在你的战拖行为训练中，你是不太可能拖延的——只要你真心相信它们在你的能力掌控范围内。当然，你还是得给自己来上个拉伸训练。让我们看看，简为了避免未来继续在报告撰上拖延，她是通过什么样的自我训练来迈出第一步的。在她完成这次报告之后，她用书面形式把她的高期待、怀疑、逃避心理不适等倾向表达出来；她设置了一个比较早的开始日期，以保证有充裕的时间高质量地完成任务；她设置了一个中期的时间点以帮助她保持动力；她设置了一个比较早的截止日期。当下一次报告过期之前，简的老板提前收到了报告。

战拖小贴士

留意你的拖延思维

1.对你的思维进行思考。识别并标记出你的拖延思维，能够增强你的控制感。

2.与你的“以后再做”的想法辩论，从而改变拖延思维的进程。

3.通过行为训练，培养“立即行动”的主动性和坚持到底的习惯，把开小差的苗头扼杀在摇篮里。

通过提前一步采取应对措施，保持积极冲劲儿。

表 2-2 简的 ABCDE 解决方案

是陷于困境，还是某一事件：面临截止日期的撰写财务报告

所持信念：这份报告很复杂，时间很紧张，需要基本的写作和财务报告技能。我具备良好的分析、组织材料和写作的技能
（如果简坚信以上信念，她就不必处理那些与报告有关的放大的负面情绪信念或拖延模式了。这种反现实思维，在今后实践“立即行动”时会很管用。）

所持信念可能引起的情绪和行为后果：实现提高自我效能、提前完成报告的目标

触发拖延的信念：还是待会儿再好好做吧

拖延思维可能引起的情绪和行为后果：最初短暂的放松，紧跟着自我纠缠、无尽放大的压力，和更多“待会儿一定开始”的承诺。火急火燎的最后冲刺和找各种借口以求延长期限

干预（修正）与拖延相关的信念

问题	直接的回答	“立即行动”的策略
事项：“稍后再做”思维		
1. 符合现实情况吗	1. “稍后再做”思维是一种自我欺骗，它阻碍了积极的执行	1. 我可以把任务看作自我成长的方式，从“不败哲学”的角度来看待问题，开始制作报告并善始善终
2. 有利于你的表现吗	2. 结果说明一切：我什么正事都没做，只是痛苦不已	2. 我能围绕着设置开始时间、严格遵守这个时间来组织我的行为，并且避免偏离方向
3. 能对相关责任人产生积极作用吗	3. 推迟会不断影响到其他人，并且很可能会耽误别人的事	3. 及时完成工作，我就很可能得到令人满意的业绩评价和加薪
4. 会让情绪放松和舒适吗	4. 当我拖延时，我觉得压力很大，情绪也明显变得紧张	4. 我控制不了紧张的情绪，但我可以着重改善我能够控制的部分
5. 有利于培养健康的生活习惯吗	5. 逃避不适的感受以及许诺明天再做，会妨害效率	5. 正确的办法包括：把任务细分为我要做的第一步、第二步，如此等等。（与“立即行动”哲学相适应的具体行为，请参考第 6 章。）
6. 有助于对经验的开放性并保持灵活性吗	6. “稍后再做”思维是一个千篇一律的圈套，如同车轮一直空转，但哪也去不了	6. 我可以选择修正这种思维。我可以观察它的结果，控制我的行为，以达到不同的效果

通过以上方式，简建立起了对负面拖延过程的掌控，这是一种积极的掌控。她还采取了一些预防措施，那部分内容我们会在第4章有更多介绍。在下一份报告任务正式开始之前，她就积极地进行预先处理，解决相关问题并制订计划。预先处理的目的，是提升工作效果和幸福感。这些结果代表了她通过以上练习获得的新成果。

现在，轮到你来运用ABCDE系统了（见表2-3）。

表2-3 你的ABCDE解决方案

<table>
<tr><td colspan="3">是陷于困境，还是某一事件：</td></tr>
<tr><td colspan="3">所持信念：</td></tr>
<tr><td colspan="3">所持信念可能引起的情绪和行为后果：</td></tr>
<tr><td colspan="3">触发拖延的信念：</td></tr>
<tr><td colspan="3">拖延思维可能引起的情绪和行为后果：</td></tr>
<tr><td colspan="3">干预（修正）与拖延相关的信念：</td></tr>
<tr><th>问题</th><th>直接的回答</th><th>“立即行动”策略</th></tr>
<tr><td>要解决的问题（如“稍后思维”）：</td><td></td><td></td></tr>
<tr><td>1. 符合现实情况吗</td><td></td><td></td></tr>
<tr><td>2. 有利于你的表现吗</td><td></td><td></td></tr>
<tr><td>3. 能对相关责任人产生积极作用吗</td><td></td><td></td></tr>
<tr><td>4. 会让情绪放松和舒适吗</td><td></td><td></td></tr>
<tr><td>5. 有利于培养健康的生活习惯吗</td><td></td><td></td></tr>
<tr><td>6. 有助于对经验的开放性并保持灵活性吗</td><td></td><td></td></tr>
</table>

效果：这个练习给你带来了哪些积极的改变？

____。

战拖小贴士

生命中几乎没有什么比建立对自己和正在做的事情的掌控感更加重要了。当产生拖延时，你可以控制你的认知、情绪以及行为。

有没有可能把拖延思维减少到零，并且永不复发呢？不幸的是，除非你坚持有意识地用积极的意念指导你的行为，否则，就像浴火重生的凤凰一样，拖延也会一次又一次地卷土重来。不过处方也很简单：对于所有有时间限制的任务，既注意及时开始，也要做到有始有终；坚持行动，让拖延思维退居幕后。你会有很多机会来实践这套流程。

终结拖延症！你的计划——

找出三个能有效对付拖延思维的方法，用笔写下来。

1.

2.

3.

你的行动计划是什么？要克服困境并使你保持积极状态，最重要的三项行动是什么？用笔写下来。

1.

2.

3.

为了落实以上各项行动，你做了些什么？用笔写下来。

1.

2.

3.

在运用这些方法和行动计划的过程中你学到了什么？下一次你将如何运用这些信息？用笔写下来。

1.

2.

3.

第二部分

情绪方法

建立对不愉快任务的忍耐力

第 3 章

练出情绪肌肉，克服拖延

讨论完拖延的认知成分，下面我们谈一谈拖延的第二个重要成分——情绪。面对任务时，你是否会感到焦虑，从而以逃避告终？例如，避免贯彻实施绩效考核，也许是因为对考核可能引发的冲突感到焦虑。

终结拖延症，需要建立弹性和韧性，也就是我所说的“情绪肌肉”。通过实践和锻炼，你可以强化情绪肌肉，抵制那种阻碍高效率工作的冲动。不过，建立情绪肌肉作为一种建设性的努力，它需要以我们积极的情绪能力为基础。这种积极的情绪能力，对于主动而高效地做事，是必需的。

当焦虑、恐惧和厌恶引发了拖延的时候，情绪肌肉可以帮你经受住你一路上的紧张、压力和挫折。当你练出情绪肌肉以后，你将学会放弃短期回报，期待长期收获。你会接受这一点：生活既不是一帆风顺的，也不是艰难困苦的，生活就是生活。有一个事实看起来很像悖论：当你愿意接纳紧张感受的时候，你反而会发现要忍受的紧张减轻了。去掉紧张性拖延的枷锁，更多的机会会呈现在你眼前。你将进而有机会选择高效模式，继续前进，你会找到各种练出情绪肌肉的方法，并强化完成任务的决心。练出情绪肌肉有以下三个主要步骤。

（1）第一步是通过接纳培养耐力。

（2）第二步是从认知角度，对自我和外界困难的威胁进行重构，并将其转化为机会或挑战。

（3）第三步是追求卓越，实现和发挥你的最佳才能。

单凭意志力，往往不足以决定内心冲突的斗争结果。相反，接纳负面评价的能力，才是在行为上避免拖延走向高效的起点。接纳是一种平和的心态，它与流动性、灵活性和高效率密切相关。在这种心态下，解决触发拖延的问题、调节情绪到坚持到底的状态，都会变得更加简单易行。在本章中，你将了解拖延在情绪上富于诱惑性的一面，以及如何在错误的情绪信号出现时，仍能保持理智。在接下来的旅程中，你将学习如何做到这些。

- 观察情绪如何促进拖延过程，并且如何将这些情绪引导到高效方向。
- 看清通往拖延或高效方向的“Y”字路口，并学会强化高效之路。
- 识别可能会阻碍你走上高效工作的简单的内心冲突，学会去识别这种冲突。

- 有一种“双议程困境”(double-agenda dilemma)，如果你从来没意识到它，你就会困惑于这个问题，为什么明明告诉自己不要这样，却还是拖延了，你将学到如何重新确定你的努力方向，关注恰当的事。
- 通过认知行为训练，学会审视这种困境，转换为更加现实的视角。
- 学会从拖延冲动中解放自我，通过放慢节奏，建立一种与高效率相对应的观点，并遵照这种观点去执行，培养有决心和高效的认知、情绪和行为模式。

情绪性拖延

拖延带有强烈的情绪因素。我见过数百人抱怨拖延，他们要么不关心、逃避拖延情绪，要么忽视了它。与拖延形态相关的情绪复杂多样，下面我将列举其中四种。

- 当你意识到一项大工作量的任务迫在眉睫的时候，你可能会感到一种对自我的威胁（对自身价值或形象的威胁），或者是不舒服的情绪信号。这种威胁感可以有不同的表现形式：从不快情绪的低语，到焦虑恐惧的情绪。不管是哪一种，都足以让你偏离相关活动。
- 拖延可能会受到心境（mood）的影响。心境是意识的灰色地带。它可以反映出你的性情、脾气、生活节奏、睡眠模式、血压变化等。你可以通过改变你的思考内容，以及思考方式，来改善你的心境。灰色心情如果弥漫而得不到控制，则会让你对大工作量的活动产生逃避感，而那种活动你原本可以参与进去。

- 我们可以通过在脑海中想象某种情景来培养情绪。演技派演员们（method actors）早在几个世纪前就发现：如果你要表演愤怒，就在脑海中想象让你愤怒的事。你也可以用这种方法来培养愉悦的情绪和成功的习惯，并改变自己建立自信。
- 对威胁和快乐的认知可以激发情绪。这些情绪化的认知，是由你所思考的内容导致的。而事先就存在的心境，可能会对认知中的解释、评价和信念产生影响。情绪性的认知与行为是相互影响的。

情绪是容易分辨的。你知道自己何时伤心、开心或生气，但有时情绪也会令人费解。你可能对某个情境或经历有着复杂的情绪。情绪有时候很笼统，有时候经久不散，有时候会如此讨厌使你要想尽一切办法去淡化它。情绪性拖延，包含着一种与厌恶情绪相关的、对大工作量情境的逃避。这会拖慢进度。你在事情中看到了复杂、厌恶或威胁，所以你逃避。例如，你有没有发现你正在拖着不去修理漏水的水龙头、拖着不去传达坏消息，或者逃避别人对你正拖着的项目的询问？你的退缩就像是在告诉自己：这件事现在做太讨厌了，或者太难了，我晚点儿再做。当事件、情绪、解释和分心行为结合在一起，对付这样的拖延并发症，其复杂性看起来不亚于把意大利面酱中的各种成分——分离提纯。然而，事情并非如此，其实只要矫正其中的一个方面，就能降低其他方面的难度。不过问题就在于，重点在哪里呢？如果拖延反复发作是由负面情绪导致的，那么就应该关注情绪性拖延问题。

感觉和情绪

恐怖电影让你体验到恐惧。你被你喜欢的角色所吸引。你最喜欢的喜剧演员来镇上了，你去看演出，捧腹大笑；你享受着舒服的按摩，在湖中的游泳，在花园中的散步；享受着海风吹过你的面颊的感觉；比赛结束时，你体验到那份成功的喜悦；你享受着在壁炉旁听音乐的快乐；当电视节目层层揭开地球的历史时，你目不转睛地盯着看。事实上，生命中有无数情绪和感观的愉悦可以享受。

情绪状态会促发行动。当好奇时，你会接近感兴趣的东西；而热恋更激发出非凡的壮举——如果你对某项任务或对象充满爱和热情，那么你更可能会去完成它。例如，你对能带来快乐的事情充满期待，即使是碰到一些原本会让你望而生畏的拦路虎，也能坚持着去克服。另一方面，相对于喜爱的活动，那些与记忆里的痛苦经历相关的活动，总是会让你犹豫不决。即便一件事情应该优先去做，只要你觉得这件事非常不爽、非常不确定或者可能带来某种威胁，你也会不惜代价地去逃避它。

战拖小贴士

关注你的情绪反应

当你发现自己正在拖延的时候，请关注两个问题：你感觉如何？你又是怎样回应这种感受的？这种关注所带来的结果，通常会比感受本身更加重要，因为感受本身总是转瞬即逝的。

拖延是一种选择，一种原地踏步而非继续前进的选择。当你在行动和推迟之间权衡利弊时，你就让这个过程发生了变化，你做选择的能力也得到了增强。练习这种对高效率方式的选择，还会带出一个额外的好处，就是你的能力得到了强化，这会让你以后更容易做出高效率的选择。需要承认的是，有些能够打败拖延的解决方案其实是很简单的，但简单并不意味着容易，不过，你确实可以通过练习来做到。

随着练习的增加，要对付必然存在的不便、不确定性和不适，会越来越容易。

事半功倍。在处理拖延诱因的同时解决拖延，你可以获得双倍的收益，我将其称为事半功倍。这种努力促成了长期目标的达成，既强化了情绪肌肉，又减少了拖延，增加了成功概率。

如本书前几章中所述，期限型拖延问题尽管不得不提，但还只是冰山一角。如何管理好自己，才是最值得深究的问题。通过遏制住逃避的冲动，发展通往成功的高效行为，你不仅能按时完成工作，而且锻炼了情绪肌肉。

情绪拖延的“马与骑手”模型

在用情绪方法来解释拖延过程时，我喜欢使用“马与骑手”的比喻。它解释了你为什么会选取阻力最小的路径，去处理那些本应有始有终，但同时又被你视为不快、难以承受、无趣、前途未卜或者风险难料的事情。

选取阻力最小的路径，往往源自冲动而非理性。以产出和成长的观点来看，逃避在一般情况下都是消极的。你的高级思维本可以找到更好的解决之道。那么，拖延性逃避与建设性进步之间的冲突应当如何解决呢？

心理学家弗洛伊德用“马与骑手”的比喻来说明冲动与理智间无休止的冲突。马暗喻冲动，而骑手控制的则是理智。

马代表我们用以逃避压力的激情与冲动。马只知道两件事情：如果感觉不好，就逃离；如果感觉愉悦，就去争取。马可以快速识别危险，但难以摆脱虚惊。

骑手是你的高级思维过程。骑手会进行推理、找出联系、制订计划并控制行为。骑手可以很快学会坚持立场、解决问题以及预测变化。当马的直觉偏离骑手对现实的认知时，骑手有能力控制马，但是马也有自己的想法。

马的行为是自发的。骑手的行为也可以是自发的，但是两者方式不同。不一致时，骑手可以一笑而过，但马却永远做不到。马和骑手都不愿感受到压力，但是骑手能意识到什么时候承受压力是必需的。比起做深入的竞争力分析，马更喜欢吃草。而骑手的任务则是做出分析，避免像马一样分心消遣。

骑手拥有理性的力量，但是有时不够现实。你也许会在无意中因为错误信念而扭曲现实，比如把麻烦想得过于糟糕；你也可能会担心失败。焦虑就是一种在不确定性面前的无助感，它会把马吓坏，并且激发拖延。

激发拖延的情绪和心理过程，并没有弗洛伊德所描述的那样根深蒂固、难以察觉。相反，它往往浮于意识表面，如果你在行，就可以轻易找到它。这本书中的信息或者其他认知行为资料，都可以给你提供可靠的模板，去帮助你在反思自己的想法时，识别出你真正追求的是什么。

马与骑手的比喻勾勒出一幅重要的情绪图像，它帮助你看清逃避不适的欲望与追求成就的动机之间的竞争。拖延可以看作一个战场，虚假的危险信号刺激着马，而骑手需要用理性的视角去创造、推进并避免单靠马的力量无法意识到的长期威胁。

对于开明的骑手而言，挑战的其中一部分就是识别和设法摆脱虚假的威胁，并做出成效。因此，当你发现自己正跟着马的本能走上逃避之路，而这又与达成成就的方向不符，有洞察力的骑手就会发现这是一个可以事半功倍的机会：在创造积极结果的同时，我们也强化了情绪肌肉。

由于原脑学习东西很慢，比起经常性地受制于马的冲动，耐心和坚持往往会让你走得更远。因此，当你面对是闲逛还是工作的选择时，就可以趁机让骑手抓住缰绳。你真正夺取控制权的时候越多，你就越能够驾驭马的强大力量向目标前进。

Y 决策。并非所有马与骑手的组合都是类似的。一些组合对压力更敏感：细微的压力就能让马带着骑手冲向拖延之路；而另一些骑手能意识到不适是不可避免的，不能将其作为逃避的理由。在这两种极端之间，还存在很多种情况。因此，马与骑手的比喻，表示的是原始的情绪冲动与理性的认识控制之间无休止的斗争，即 Y 决策。

当你来到分叉路口，你的马匹想走阻力最小的路径，这时你面临一个 Y 决策。你明白坚持自己的目标很困难，但是你需要这样做。Y 决策就是要么选择坚持并达成目标，要么选择拖延。

不论是面对什么任务或目标，马匹总是选择它觉得更轻松，或危险性更小的道路。它奔向旷野，驻足溪边，或前往觅食。骑手可能也希望这样做。但是，有时马匹的冲动最好加以抑制，你在截止日前完成一个竞争力分析，而工作能否保住在此一举，但马才不在乎这些。这时就是聪明的骑手夺取控制权的机会，引导马的前进需要特别的努力。

马主导还是骑手主导之间有极大差别。那么，当骑手的目标与马的方向不符时，会发生什么呢？

骑手该如何抉择呢？

Y 决策通常意味着简单的抉择。为了保持健康，你注意饮食，参加体育锻炼，快速摆脱压力。你现在已经知道该如何应对拖延情绪了，对吗？**只要去做就好了**。然而，简单的抉择实施起来却并不简单。当马主导时，计划可能偏离轨道。

目标所激发的拖延并不像你想象中那么多。把目标想得太复杂，你就是在智力上自设障碍。告诉自己这太困难了，则是在情绪上自设障碍。

避免拖延需要你尽全力，在紧急重要的事上保持高效，而非自设障碍。这可能是件简单的事，但简单并不意味着容易，这几乎是颠扑不破之理。

17 世纪，普鲁士将军卡尔·冯·克劳塞维茨发现，象牙塔中的理论家们可以将一个简单的策略人为地复杂化，并深陷于无意义的恐惧中，因为他们所臆想的不确定性转化成了各种可能性无法被预知的难题。根据克劳塞维茨的观点，明智的做法是继续前进，用双眼发现事实，发现真实的复杂性。

虽然冯·克劳塞维茨没有提到拖延这个词，但是他描绘了你是如何将一个简单的过程看得极端复杂、困难得无法想象的。这种拖延过程没法用理论表达。你可以养成能在面对不确定性、不适以及不可预知之事时，继续前进的习惯。

来自佐治亚州首府亚特兰大的艺术家兼精神治疗师爱德华·加西亚通过运用智力上和情绪上对复杂性的观点，部分解释了为何改变如此具有挑战性。当两种观点冲突时，我们倾向于逃避。图 3-1 描述了简单与轻松的冲突。

假设你的目标是注册一门战略规划课程，学习如何规划大型项目。当你的心理和智力一致支持这个计划，你就会去努力，不大可能出现拖延问题。那倘若不一致呢？你想要报名，但却习惯性地找借口去推迟。这难道表示你不想提升战略规划技能吗？

尽管你想从学习中获益，但是你认为学习这种技能会让你感到不快。你担心课堂上别的同学懂得比你多。你为自己可能犯错犯傻而感到焦虑。于是，你对自己说，等读完一两本相关书籍之后再去报名。在这个例子中，选择轻松的路线是你的情绪目标。并不是说你在悄悄违背自己的理智目标。逃避不适也可能是你深思熟虑的结果，它蕴涵了更多的意义。

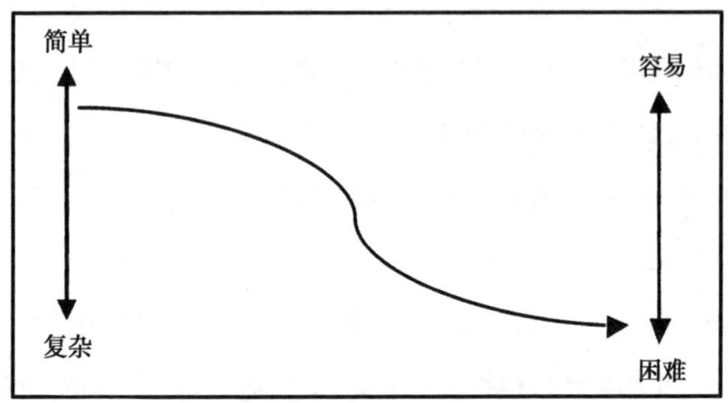

图 3-1　简单与轻松的冲突

拖延与双议程困境

双议程困境是指外在目标与内在目标的冲突。议程一是你的外在目标，它代表骑手的利益，即你想要报名战略规划课程；议程二反映的是马的意志，你不希望感到不适，或者显得智力低下。因此，从本质上来说，你想从学习中获益，但是不喜欢获取的过程。

对于双重议程的问题，逃避的形式可谓多种多样。逃避矛盾的意思很明了：你想方设法逃避你觉得烦人或困难的事情。比如说你要在截止日之前完成一个竞争力分析，你希望将其提前完成，但又不喜欢精神高度集中的过程，你认为该评估需要精神高度集中。进行竞争力分析有诸多步骤，包括试算步骤与找到新的探索机会，你无法保证你能做得完全正确。你承担着犯错的风险，用来做分析的时间分散了你对快乐的追求。你试着与阻力抗争，但最终阻力胜出了。于是，你认为逃避看上去会更轻松些。你开始得很晚，差点儿没能赶在截止日期之前完成。

你虽然会在理性上支持议程一，因为追求与你的成就、健康和长期幸福相关的目标是合理的。然而，议程二也许更具有吸引力。因此，当你推迟一个有目的的富有成效的活动，这并不意味着你不想要获得这些利益。只是你更想要其他东西，即逃避该活动带来的复杂性与不适。

"双议程困境"通过两种方式起作用。你是现在就将导致肥胖的食物从食谱中剔除，还是等到再增重 9 公斤之后呢？你是采取行动以变得更加果断，还是继续当一个磨磨唧唧的受气包？你是现在就开始按任务清单做家庭维修，还是等到屋顶开始漏水再行动？

想在别人拖延时赶超的人尽可放心，某些才智过人者往往会毁掉他们自己的机会——因为他们把短期享乐置于长期利益之上。这是令人悲哀的事实：总有那么一批人，在教育和事业准备上投入了大量时间，可就在回报触手可及之时，却在行动上拖延了。

如果你既要挑战你的第一议程，又想避免具体行动必然带来的不确定性、困难和不适感，你就会面临一个两难困境。你不可能两头都占，正如一个酗酒者不可能既喝酒却又不想产生任何负面后果一样。

如果你对不适不那么敏感，也不会动不动就退却，你可能会做成更多的事情。但是，不适本来就是提示逃避的信号，这是人类天性使然，这让你很容易陷入拖延的怪圈。但是你可以使用你快速学习的思维来训练你那匹缓慢学习的“马”，接受不适本来就是获得长期效益过程的一部分。训练的一部分就是学习去忍受不适，而不是退却。建立这种忍耐力是锻炼情绪肌肉的重要环节。

要解决双议程困境，你至少要面对三个挑战：①识别你需要对抗的冲突；②运用资源，如组织、引导和调节自己的行为，完成并呈现一份具有竞争力的分析；③运用能力去理性分析、容忍压力、积极行动以制止对不适的回避行为。（如果你对双议程困境及其解决方案感兴趣，可参考《焦虑的认知行为治疗手册》。）

短期和长期效益分析

你常常会在同一件事上拥有理智和情绪上的不同目标。就当前最急迫的任务而言，你理智上的目标是什么？相关的情绪目标是什么？你是否用自设障碍、反事实思维、合理化或其他借口来限制你自己？你能否找到更好的方法使你期望的目标与你正在努力的目标达成一致？

当你面对不确定性，你会迅速将不适和过去的消极经验相联系，或许仅仅是不喜欢不适感，你的情绪反应会迅速地压制住你的理智。例如，你对一个产品投产前的市场调查报告非常焦虑。简单的办法是质问你到底恐惧什么，并且练习在人群之前讲话，直到消除焦虑、战胜恐惧。但是这个“简单”的办法并不容易实现，否则就不会有人还表现焦虑了。

实际上，即使是像回电话这样的小事，也能诱发压力。我们假设这个电话是为了改变约会时间，不是什么大事，不会对别人造成不方便，你也有时间打这个电话。但是你感到一阵轻微的痛苦不安。你推迟了这个电话，告诉自己待会儿再打。到底什么出了问题？“马”操纵了局势。

假定你认识到马有逃避的欲望，那么抓住缰绳就可以控制局面。抓住缰绳的方式有很多，快速的理性分析就是其中一种。你会看到转换思维方式带来的额外好处。

以下的长期效益分析练习将帮助你增强“骑手视角”。通过把短期内拖延分心的冲动放到一个更大的背景中进行分析，你会发现你的拖延逻辑中的弱点。如果把你试图达到的目标和试图避免的行为写下来，你会得到更大的收获。

为完成短期与长期拖延分析，识别出那些你正在推迟的最紧急最重要的活动。思考一下拖延所带来的长期和短期利益，再想一想立即行动的长期和短期利益。简而言之，在拖延模式下你获得了什么？而现在终结拖延，你又能获得什么？

这种训练对骑手会有很明显的效果，但是我们讨论的是通过重塑问题，让骑手把缰绳抓得更紧。这种训练的结果会点点滴滴地对马产生影响。

下面展示了一个分析模型。当任务或者目标摆在你面前时，思考一下拖延与执行的长短期效益。完成这一练习可以帮助你在长期利益与短期利益的抉择中更加重视长期利益。举个例子，对于那些在香烟上花费数千美元的人，在列出的对照模型中看到支出与潜在的生理或疾病后果，可以帮助他们贯彻实施正确的行为（见表 3-1）。

表 3-1　拖延分析：效益

短期	长期
拖延的效益	拖延的效益
立即行动的效益	立即行动的效益

立即行动的短期收益也许是使你向着高效工作迈出的坚实第一步。而长期收益包括：①取得进展；②培养对抗挫折的耐受力；③掌控情绪化的决策过程；④减少不必要的压力。现在，换一种方式重新做这个练习。不再比较拖延和停止拖延带来的利益，而是把这个练习反过来，做损害分析。拖延与立即行动的短期与长期损害是什么？

表 3-2　拖延分析：损害

短期	长期
拖延的损害	拖延的损害
立即行动的损害	立即行动的损害

该练习能给你另一个视角。拖延的长短期损害通常远大于其好处。

- 短期与长期损害结果相似。对于重复性的循环拖延，长期的后果更加不利。
- 甩开工作转向拖延会提升一种暂时放松的错觉，却带不来长期的效益。
- 持续的拖延会提高健康风险。
- 拖延会悄无声息地带来严重的后果，即错失良机。
- 提升高效产出的拖延，会妨碍个人效率并带来消极的自我认识。
- 影响到他人的拖延行为，会导致厌恶、敌意与失信。
- 越拖延，你就越擅长拖延。

使用立即行动方法所带来的长短期效益也许不多。从而让一些人将拖延看得无足轻重。一些来自伪拖延组织的可笑言论认为，拖延是一个被重视过度的问题。公平地说，拖延对于一些人的确是严重而复杂的过程。它是根深蒂固的习惯，需要认真对待才能遏制。无论如何，这些努力为我们打开了一扇门，那是通向富有成效的、健康与快乐的新机遇。

PURRRRS 计划

拖延一般是为避免不适而做出的冲动反应。你转移自己的注意力去从事一些替代性活动，从而避开不适感。有种两步法可以让你学会在感到不适时暂缓行动，先弄清楚发生了什么，然后转向富有成效的行为。接受了不适感之后，你就不太可能被其触发，而逃避重要的任务。

将以下 PURRRRS 练习看作一种基本方法，以减缓拖延冲动，培养对不适的忍耐力，并且塑造固定认知、情绪和坚持下去的行为技能。下面我们来阐述一下这个英文缩写词的意义。

暂停（pause）。这是觉察阶段，你要识别出开始拖延的线索。清醒地审视发生了什么。

遏制冲动（use）。启动你的认知、情绪和行为资源，遏制转移精力的冲动。

反思（reflect）。更深入的探寻发生了什么，你的感受是什么？你想要达成什么目标？你遵循什么路线？

推理（reason）。这包括后效分析。如果你屈从了拖延的渴望，其后果是什么？如果继续坚持既定日程，结果会怎样？下一步的行动计划是什么？

做出选择（respond）。在此执行阶段，你会发现积极思维的益处，摆脱消极受挫情绪，可以使你变得高效。这是你将战拖计划付诸实施的阶段。

回顾与修正（review and revise）。这个阶段你可以进行评估，回顾你所学到的东西，并由此决定如何改进计划来对抗拖延。

巩固练习（stablize）。这是一个长期的过程，你需要通过积极地遵从“立即行动”的原则来不断练习，以进一步改进战拖效果。

表 3-3 的例子展示了如何使用 PURRRRS 方法来避免情绪拖延行为。

表 3-3　PURRRRS 计划

拖延问题：推迟进行竞争力分析

PURRRRS	做出的选择以及付诸行动
暂停：放大内心的声音，仔细倾听发生了什么	在拇指上标一个绿点，提醒自己警惕拖延冲动，以免你在不知不觉中从思考一个问题跳跃到给朋友发邮件。这代表着第一个 Y 选择：解决问题还是选择逃避
在认知情绪和行为三个层面上努力遏制冲动	这个阶段涉及暂时承认不适感，调动你的有意识努力。这代表了第二个 Y 选择：把个困难坚持下去，或者让马乱跑
反思：思考发生了什么	在这个元认知阶段，你需要思考你的思维本身。马怎么说？骑手怎么做？它就形成又一个 Y 选择：哪一个更有影响力
推理并计划出你的行动	抓住缰绳可能形成怎样的结果？若让马匹脱缰又会有什么后果？这又引出另一个 Y 选择：你是否计划开始这个工作？如果是，那么第一步是什么？长短期效益是什么？你是否任凭马儿乱跑？如果是，第一步又是什么？长短期效益为何
做出选择，将计划付诸实施	在此阶段，你面临又一个 Y 选择。你是否在计划、组织并开始之后还是产生了拖延，将控制权让给不听话的马匹？还是在遇到困难时仍然咬紧牙关坚持将其推进呢
回顾与修正：调整并改进计划，进而改进其结果，可以的话，试试另一种方法	极少有计划可以好到无须改进。总有些时候，反思的过程可以激发顿悟，指出一条更好的道路。你也许会发现一个闻所未闻的绊脚石。接下来的 Y 决定是安于现状（马匹的方式），还是尝试新的方式——骑手的选择
巩固：坚持并重复学习技巧，直至形成自发反应	在这个大多数人都在寻求捷径的世界里，重复性的练习也许没什么吸引力。但想要解决并终止拖延，没有什么方法比坚持建立对不适感的忍耐力和锻炼必要的毅力更容易了，它将使你在一个拖延泛滥的世界里胜人一筹。这代表了另一个 Y 决定：在受到拖延威胁的领域中应用你已有的知识。坚持反复练习直到你掌握抵御拖延的核心原则和积极有效行动的方法。然后，继续巩固

知道了如何贯彻 PURRRRS 计划之后，你就可以开始利用这种技巧，通过仔细思考进行有意识的转变，从对拖延冲动听之任之，

转变为高效地采取控制。通过反复利用表 3-3 中的 PURRRRS 方法终止拖延，你不但锻炼了情绪肌肉，做成了更多事情，而且减少了拖延，不再为匆忙赶工而感到压力。一旦习惯了透过 PURRRRS 方法的透镜看待拖延，你将能自发地经历暂停、遏制冲动、反思、推理、做出选择、回顾与修正以及巩固这一系列心理过程来克服拖延习惯。

建立对情绪不适的忍耐力

懂得怎样遏止冲动反应之后，你就已经开始拉伸你的情绪肌肉了。让我们再进一步将此概念深化，讨论一下如何建立对不适感的忍耐力。如何培养对不适感的忍耐力呢？咬紧牙关挺到最后也是一个办法，但拖延是一个过程，难保不会半途而废，那么何种认知情绪方法可以加强对情绪肌肉的锻炼呢？忍耐力怎样才能转化为“立刻执行”的行动呢？

- 当你对某项任务感到不安时，倾听自己内心的声音。这声音是否让你回避或逃跑？如果你想的是“我不想这么做”，那可能是你的真实想法。你可能不愿意去研究竞争对手的营销手段。尽管如此，如果这是你的职责所在，那么你该如何控制缰绳，搞定一切找到出路？
- 与自己对话，把自己当成批评家，或者一个可以冷静并巧妙处理问题的人。其中一个视角可以进行重组：“我不想做，但是我最好表现得有责任感些，以避免最后一刻再慌忙赶工，并导致绩效评估下降。”有时，告诉自己坚持意味着责任，可以从意识上将逃避完全转化为高效的行动。

- 检查你感到不适的部位。是你的肩膀还是胃？是头疼还是全身紧张？假如不去做分心的事，你是否可计算这种不适持续的时间呢？计时可以让你发现，这种紧张其实很短暂。其中有着生理原因：肾上腺素维持活力的时间有限。既然如此，它还有什么好逃避的呢？
- 那些想要拖延的事情，你有没有可能让它们启动起来？一旦启动之后，你感觉到改变了吗？你从抓住缰绳、控制马匹中还得到别的收获了吗？比如，直奔目标的行为多了，积极情绪也会增加，反之亦然。
- 想想你是否害怕不适。预料中的不适已强烈到足以令你分心了吗？对不适的恐惧很普遍，但也是可控的。在下一章节中，我将会向你展示如何战胜与拖延相关的精神紧张。

表 3-4　你的个人 PURRRRS 计划

拖延问题：________

PURRRRS	选择以及行动
暂停：倾听发生了什么	
在认知、情绪和行为三个层面上努力遏制冲动	
反思：思考发生了什么	
推理并计划行动	
做出选择，将计划付诸现实	
回顾与修正：调整并改进计划和结果，必要时尝试另一种方法	
巩固：反复练习应对技巧，直至形成条件反射	

战拖小贴士

情绪的EMOTION原则

自我激励（energize）：通过保持积极的聚焦方式，激励你的精神动力状态。

快速行动（move）：向丰硕的成果迈步前进。

可操作性（operate）：运作相应机制，让自己保持长远眼光，关注长期回报。

自我接纳（tolerate）：接纳自我，但不要向引发延迟的不良情绪屈服。

言行一致（integrate）：将切实的思考和自我调节行为整合起来，言行一致以达到既定目标。

遏制分心（overcome）：通过实践PURRRRS方法，遏制分心的冲动。

持续推进（nudge）：持续推进自己在Y决策当中做出“骑手”的选择，踏上更具战果的征途，训练出你的情绪肌肉。

克服与拖延相关的精神紧张

躲避不适会加剧你在相似环境下再次拖延的风险。改变这种模式需要提高对压力的容忍度。这是一种有意识的行为。当你让自己去体验那种压力时，你就能有效地将注意力从拖延退却转到努力前进上。当你并不担心表演时的慌张，你愿意让自己体会那种不适感，那么你将更能表现自如。

次生性的精神紧张对于压力则难以容忍。你觉得自己无法忍受恐惧、焦虑、抑郁和紧张之类的情绪，感到被它们所吞没。于是，你因为恐惧而恐惧，对沮丧感到沮丧，由于焦虑而更加焦虑——我称这种现象为“双重烦恼”。

双重烦恼更多是指你如何看待自身，而不是如何看待遭拖延的任务。无能为力的想法就是一种常见的双重烦恼。如果你认为自己根本无力应对负面情绪和拖延，就会在已经十分严峻的形势上再添一层焦虑和无力感。不过，如果你认为自己可以容忍和控制负面情绪，那么对这些负面情绪的看法也会变得宽容。

学会忍受压力可以平息恐惧。如果你不害怕压力，那么就不太可能因压力而触发拖延。培养和锻炼强韧的“情绪肌肉”，将极大地缓解比原生性的紧张还要严重得多的双重困境，下面是一些小技巧。

- 一开始你可以问自己：为什么我不能忍受我不喜欢的东西？
- 提防悖论式的拖延思维，比如“我没法改变”应对时间，问自己：改变不了的证据在哪里？
- 时刻警惕，不要去发展内心那种鼓励你屈服于不良冲动的声音，比如它让你再吃一块蛋糕——那是你应得的，或者今天不必非去工作——现在更适合娱乐。运用长短期拖延分析表格，把这种短期念头转化为理性思维，遏制不良冲动。

双重烦恼将你拖入思维怪圈。例如，如果你无法摆脱悖论式的拖延思想（“我没法改变”），通过仔细分析，你会发现这样的怪圈：我没法改变，因为没法改变，我只能永远压抑和拖延下去。拎出其中一环节，弄清楚它只不过是一种假设，那么你已经开始突破了。假设并不等同于事实！

在本章，你看到了面临拖延时如何建立“情绪肌肉”。在拖延诱惑向你招手时，只要坚持去破解各种拖延情绪的怪圈，不断提升这种能力，那你终将能够不屈从于诱惑。

终结拖延症！你的计划——

死读书不知道实用技能，是书呆子的举动。实用技能是指将你学到的技巧结合运用，从而取得丰硕成果。懂得运用实用技能令人成功。有关控制情绪的知识是实用技能的重要一部分。

关于有效处理拖延，你已经想到哪三种对策？用笔写下来。

1. ....

2. ....

3. ....

要想从拖延转向高效率行动，你最有把握的三个行动是什么？用笔写下来。

1. ....

2. ....

3. ....

你已经做了哪三件事来执行你的行动计划？用笔写下来。

1. ....

2. ....

3. ....

在运用对策执行计划的过程中，你学到的哪些东西也适用于其他领域呢？用笔写下来。

1. ______________________________

2. ______________________________

3. ______________________________

第 4 章

如何应对与压力相关的拖延

你无法回避压力，因为它几乎无处不在。生活中任何重大的转变，如孩子出世、承担一份新责任或退休等，都会打破你原本的平衡。“压力”一词可以更明确地定义为感到疲惫、压迫、不安、焦虑、担忧或紧张。压力源自你对某种状态的感知，源自对自己在情绪上处理某种情况能力的不自信。认知、情绪和行为三管齐下的方式，对发觉压力并防止其成为拖延的催化剂有直接的作用。

当你感到压力时，身体会出现什么状况？通常大脑会控制自主神经系统（ANS）自动释放应激激素肾上腺素和皮质醇。这个挑战过后，身体会恢复平衡（allostasis）。但是，过多的压力会导致激素迅速消失，对身体不再有保护作用。持久的压力严重影响身体健康。压力会使你的血糖升高，最后还有可能使你患上Ⅱ型糖尿病。当持久的压力开始常常打断你的睡眠时，你身体的自我修复能力就会受到限制，免疫系统也会受到损坏，继而出现睡眠障碍，并引发抑郁症。

当你面对压力感到无助时，你就会开始觉得自己生活在一个情绪战区。不恰当的压力处理方式会增加非稳态负荷。而使用认知行为压力管理方法，可以减少由于慢性疲劳、广泛性焦虑症以及其他压力环境而释放的皮质醇。

可能引发拖延的压力类型

工作压力是最常见的压力之一，它在为你带来很多改变的同时也带来不少困扰。人们对工作的满意度正在下降，49%的被调查者表示对工作不甚满意。然而，当工作满意度可观时，人们更多是为了赚钱而不是娱乐。但是相对于工作满意度来说，工作压力的潜在影响也许更大。

你也许找不到太多关于拖延、工作压力、职业倦怠、低薪水之间关系的文献。这难道真的意味着工作压力和工作拖延之间没有任何关系吗？

如果害怕冲突，你就可能不会对有可能发生冲突的问题进行讨论。如果你对某项工作任务感到不安，你可能会有回避它的冲动。当你可以选择或者冒风险或者有把握地完成一项任务时，为避免指责而产生的拖延会消失吗？你会想推迟决定吗？

工作时的积极思考可以让你在闲暇时也感到安逸自在。而下班后对工作积极方面的思考，可以让你更加积极、主动并努力地工作。但是，当工作压力很大时，有效地应对压力可以让你对自己的应对能力更为自信。我将为你详细解释应对工作压力拖延的几个步骤。然而，由于压力几乎贯穿生活的每一个角落，你在这里学到的知识将会得到更加广泛的应用，它会让你感到更能掌控自己和周围发生的事情。

在失业频频发生的社会环境中工作是很有压力的。但每个人的受影响程度都不尽相同，在某些情况下，你可以借力使力。这并不意味着压力环境不会影响你的思维、感觉和行为，而是相对而言，你受到的影响会比较少。

在持续的压力环境下，例如与挑剔执拗的同事或领导共事，与自己过不去，或当你发现工作分配不平衡的时候，你的内心自由可能会受到挑战。然而，这些环境就像对着你吹冷风的风扇，你完全可以让它远离你，即使它依然在吹也与你无关，你完全没有必要放大压力或因为它而去拖延。

其他原因导致的压力

如果你身边（工作或生活的其他方面）有一些狠角色，你通常会发现这些人会削弱你工作或达到目标的能力。你也许会给这些人起外号，例如把乔叫作“嫁祸狂”，因为他总把错误嫁祸于你；“高超的骗子”表面看起来忙，忙得不可开交，但其实他只是在忙乱而松闲地拖延着，而你却得帮他收拾烂摊子；“老顽固”有一句口头禅：老辈人留下的传统；有时“高人一等”一有机会就让你难堪；而“抱怨者”则整天告诉你没有得到提拔或者指定停车位距离入口很远会有多可怕。

你可能会陷入某人的拖延阴谋中，但是你并不一定就在这个斜坡上摔倒。你能让别人停止这种让你分心的行为好让自己不偏离自己的职责吗？这样你也许有一定的说服力并使情况略有好转。然而，最容易控制的人始终是自己，虽然并不完全是这样。但如果你接受它并不再控制不可控之事，那么即便在极其恶劣的工作条件下，你也会感到压力在减少。

在最极端的压力环境中，你可以锻炼出你的“情绪肌肉”吗？曾经先后被囚于几个纳粹集中营的精神病学家维克多·弗兰克尔（Viktor Frankl）从古代斯多葛派哲学家那里学到，人有选择自己内心想法的自由；他还从德国哲学家弗里德里希·尼采（Friedrich Nietzsche）那里学到，一个人如果知道“为什么生活”，他就能够担当起所有的“如何生活”，对于维克多·弗兰克尔而言，他必须为了家人而活下来。如果你身边有难以相处的同事、家人或朋友，你可以去寻找那些能够帮你消除可能遇到的附加压力的某种决心和意义。

在大多正在经历的逆境中，我发现人们总是使自己陷入双重困扰。首先是困境所带来的压力，而更糟的是对压力的恐惧，它会让你更加紧张。我们之前探讨的“接受”概念可以让你安定下来：情况已然发生，压力已然存在，所以此时为了减轻压力，我能做的就是创造一种更舒服的内在及外在环境。

在很多工作环境中，由于办公室政治、钩心斗角以及敌对的合作行为，很多时间被浪费了。你如果为此悲叹并把自己的注意力置于其中，就好比被公共汽车撞后责怪司机并怨天尤人。看待此种形式的压力有另一种视角：要使自己远离痛苦，是咒骂司机好，还是使自我恢复健康好？接下来我将介绍，在拖延就会导致危险的不利条件下进行自我控制的具体方法。

战拖小贴士

从与压力有关的拖延中释放自己的七个步骤

以下七个步骤描述了在他人拖延时自我控制并取得进展的方法：

1. 确立一个明确的目的、目标，以及为实现这个目标所采取的具体步骤。

2. 确定一个领导者，他能够有效召集一个志愿组来实现这个共同目标，并且有担当、负责任以及有智慧和才能。

3. 始终聚焦于你们的最初目标，行动要有战略头脑，努力寻找或利用易被多数人忽视的机会，或提问“未来愿景中缺失了什么。”

4. 在不断变化的环境下，明确新进程的结构和意义。与时俱进，做出有效行动以利用不断变化的信息，协调资源分配。

5. 小组的集体智慧能提供丰富的信息资源。鼓励交流、认真倾听并且评判哪些人比较可靠。但是，当你对此有了判断力时，为自己保留最后的决策权。

6. 在你负责的活动中，你有权保留最终决定权。提出理性判断对活动进展是很重要的。

7. 尽快推开分心之事，时间紧迫。分期、调整进度以及保持行动力通常是比较重要的。

自己造成的压力

大多数人会放大自身的压力问题。你可以拥有好的下属、支持你的同事以及具有挑战性的任务，前提是在你的能力范围内。但是，你还是会把工作和生活混淆，并为犯下的错误和将来可能犯的错误而烦恼不已。

对目标的负面思考可能会影响你努力的程度。康妮是一个拖延讲习班的成员，她总抱怨说办公室的每个同事都厌恶她，这就是她拖延的原因。我问她部门有多少人，她说“29 人”。接着我让她列出这些人的姓氏清单，并且挨个问她是如何知道他们厌恶她的。归结起来，在与她共事的 6 个人当中，她只能证明其中 3 个人不喜欢她，其他人与她还是比较合拍的。问题就在这里：如果“每个人”都厌恶你，那为什么会有“例外”呢？当康妮抛开那些错误观点后，并开始与他们合作的时候，她对她的工作更满意了。当她不再凭空假想问题时，拖延问题就缓解了。你周围也许有不计其数的潜在应激源，如果你能够减轻压力，那么你能建立内部控制机制并下决定绝不拖延吗？

焦虑与复杂拖延

担忧、焦虑和抑郁会加重拖延。这种催化复杂拖延的情况颇为常见。

第 1 章中讲到“复杂拖延”即拖延与其他共存状态（如焦

虑、自我怀疑或压力低容忍力）的叠加。复杂拖延包括拖延某项任务以及拖着不去处理这些加重拖延的问题。现在假设你对某个同事的拖延阻碍整个项目进度的做法表示不满。你迟迟张不开口是因为你有一种对抗焦虑。你坚信如果维护自己的利益，你将卷入一场口角之争并铩羽而归。停止这种由对抗焦虑而产生的拖延，你也许会及时说服同事继续做事。这样，你就一箭双雕了。

拖延习惯经常伴随着自我怀疑。这时，拖延既是表现也是原因。你拖延一项有时间限制且相当重要的活动，然后对此项任务产生了持续焦虑。你不停地担心自己也许无法将其完成，这就加强了你对它能否有效进行的不确定感。这种自我怀疑有其两面性，它既可能引发拖延，又可能因拖延而产生。

自我怀疑经常伴随着其他能引起拖延的状态一起发生。自我怀疑、完美主义、害怕反对、害怕失败以及害怕压力是拖延评估中的一些表现，其中有很多共存的问题，但只存在一个主题以及一些分支问题。

下面让我们来看一个拖延评估汇总（见表 4-1）。我将简要说明各项之间的区别，并提供一个概念性战胜拖延的方针。

当你将这些方法归纳为一个核心主题时，你也许会发现复杂集合不是那么可怕。当你用一些高效率的活动来推进其进程并且借此降低评估焦虑时，你也可以同时处理此种形式的复杂拖延缩短学习曲线。

表 4-1 拖延评估汇总

拖延类型评估维度	指导原则
自我怀疑。在日常生活中，每个人都会阶段性地产生不安全感。自我怀疑的模式与此不同。有时候你认为自己缺乏资源、能力并需要得到确据。这样，你很可能会在自己不确定能否做好的事情上乱猜测自己、犹豫不决、自我怀疑并最终拖延。那些不确定的事物，容易引起焦虑或制造更多的犹豫及疑问。你将自己评估为缺乏资源并因此无法完成某项任务	1. 如果你正陷入自我怀疑，请多方位地审视自己，这样可以减少自我怀疑狭隘的井蛙之见。你有很多特质、才能、情绪以及用不同方式处理好事情的潜能。对于你来说，多方位地审视自己并从中得知自己的实力所在是非常重要的 2. 怀疑通常源于不确定性。不确定性是生活的一部分，没有它们，人类的自我成长和发展就会受到限制。每个人都无法回避不确定性 3. 犹豫和不自信预示着，如果你能拨开层层面纱并最终剖析的自我评价是否用完美主义的自我要求，你将受益匪浅
完美主义。你也许认为完美主义者是那种缺乏安全感、不友善、以成功为导向、时间观念极强的 A 型人格。这种描述过于笼统。如果你制订高不可及的标准，用全盘肯定或否定（不赢则必输）的极端思维方式，断定是非，并把自己的价值观定义为“符合一切高标准”，那么你很有可能会通过拖延来刻意避免失败或陷入自设的障碍。你会因为担忧缺陷和挑剔自我过错而失去勇气。如果你坚信自己无法达到预计的程度，你将会陷入评价的陷阱中去	1. 如果你是 A 型完美主义者，请再回头看看。这次请关注自己的行动，看看你生命中的哪些关键事物被你一再地放到次要位置？你如何评判或评估自己的办事能力 2. 如果你想要得到的比你付出的更多，并因此而成为一个回避挑战的完美主义者，那么你就是在与现实相悖而行。生活永远是它本来的面目，不会全然按照你的意愿来改变 3. 理应享有的权利总在人们头脑中强调自己的存在性。如果你总是将现实与预期做评判，那么你就会对自己和他人应该做什么产生不切实际的期望。与其凭预想判断，不如尝试终止这种完美主义的评判。请选择一种多元化视角，以“灰色”（非白非黑的中庸色）为标准，检测自己能做什么，而不是拼命强求自己不能做的事

（续）

拖延类型评估维度	指导原则
害怕批评。如果你认为自我价值取决于他人的肯定，你可能会为了取悦所有人而接受一项完全不切实际的任务。你也许会强化别人对你的要求，而忽略了自己承担此任务的能力；或者，你也许会取消更有意义和价值的事情，只是因为害怕触犯某人并遭受指责。当你过于担心他人对你的评价（尤其是负面评价）时，这种评价便开始影响你了	1. 人际交往能力是传统意义上评判“成功”的社会标准。但是，你无法与所有人都合得来，有理性的人都不会产生这样的期待 2. 请思考一个概念——“强迫完美主义”。你强迫自己取悦他人或尽力不让他人失望，但当你力所不及或开始愤恨这种强制行为时，“强制完美主义”便会引起拖延 3. 多重视角还会以“矫正”的方式起作用。因为你和他人有不同的兴趣、渴望、价值观和品位，那么想想采取多重视角能给你提供多少高效收益的选择
害怕失败。与其他类型一样，这种害怕也包括一些评判：你如何评判自己，如何看待他人评价你以及你的价值。害怕失败的另一面即是害怕成功，成功后，你也许不久将会失败；或者人们也许对你期望更多，多到你根本无法一一实现	1. 如果你害怕失败，那么这失败究竟是什么？你怎么定义它？有具体事例吗？谁会去记录你的失败 2. 你将面对的大多数问题就像生活中的实验一样。一些问题的答案可能比其他答案更加有效，而另一些也许不是这样，但它们仍然有益 3. 在这个多元的、变化的世界里，评判自己能做什么并不实际；不如以一种不变的方式来全面地评判自己，即评判自己在某一特定情形下能做到多么好并不现实 4. 提到害怕成功，首先你必须已获得成功，才可得知其中是否有让你害怕的因素。在这个稳定、可预期的世界里，没有任何能够确保你成功后一定会失败，也没有任何迹象表明你不能为超出自己能力的部分买单

承诺、积极、主动应对

正如通过调节音调或音量可以改变信号，下面我们将把承诺和挑战言词视为“拖延调节器”。接着，我们将参考一些积极主动的应对方式，它们能够强化“立即行动”的信号，以便增强行动的有效性。

运用承诺性的语言

美国外交官和科学家本·富兰克林（Ben Franklin）曾建议，当且仅当你愿意做某事时才去承诺，接着付诸行动。承诺是一种保证、一种允诺，是向你自己或他人保证你将在此刻或未来某个时间坚持承担某种责任。你可能会许下相互冲突的承诺，例如存钱买房子，花钱享受生活，并且投资养老。此种承诺意味着其中总有一些是要推迟的。

你也许承诺减肥、提高工作效率或结束拖延习惯。可是，如果没有一项明确计划或目的，这些承诺就像一张没有截止日期的期票。一旦推迟，你就置身于“拖延斜坡”之上了。

如果你选择离开这湿滑的斜坡，那么在你自愿做出承诺之前，问问你自己：我这么做的目的是什么？（很容易便会跳过此步。）更多更初步的问题便接踵而至：你想实现什么？必须做什么？你需要什么资源？你预计会进行多久？有什么限制？接下来，你就能开始投入你选择的行动中去。

是如此简单的一句话，“我会这么做”。你的意图越坚决，你就越有可能坚持到底。然而，你并没有离开这个“拖延斜坡”，直到你抱着目的及决心开始行动。

一些组织承诺生产高质量产品并提供优于平均水平的顾客服务，依靠这些承诺生存的组织很有可能成功地留住顾客并增加其客户群。请把你自己视为你最好的客户。你认为自己应该得到怎样的服务？

运用积极挑战言词

心理学家詹姆斯·布拉斯科维奇（James Blascovich）发现，如果你拥有能够满足或超过某种情形所需求的资源，你将感到自己受到挑战的激励。在这种挑战状态下，你很可能会为接受挑战并克服障碍而感到兴奋。这种积极的挑战式压力会加速心跳和思维敏捷度。

对威胁的感知也许会起相反作用。如果你认为自己不具备完成挑战的素质，你很可能会感到自己在遭受威胁。威胁会降低你的办事效率及思维敏捷度。思维的这种状态还会增加你拖延的可能性。

总结出某任务是否值得自己下决心去坚持完成是一个过程，而对威胁的感知是这个过程的一部分。但是，感知常常是信念筛选的结果。源于威胁的压力通常源于非理性的忧虑、怨恨及消极想法，例如“我不具备完成这件事所需要的素质”，“我将陷入困境”和“我将看起来像个傻瓜”等。这种面对威胁的言词预示着一种心理危险，而这种危险恰恰是拖延发生的诱因。

由威胁转向挑战性的语言，可以在拖延发生之前先解决拖延的诱因。挑战式的方式包括：利用行动期限来构建一个从拖延威胁思维向挑战思维转化的积极过程，以及后续行动。当你采用挑战方式时，你会指导自己为建设性目标采取特定的具体步骤。这其实是一种自觉的坚持和指示，例如下列内容。

- 我的目标或机遇：________________________________。
- 我正准备做的：__________________________________。
- 开始行动的日期：________________________________。
- 我的收益：______________________________________。
- 坚持去做的：____________________________________。

挑战言词思维对于鼓舞性宣言（例如“你能做到”，“你会成功”）不起任何作用。假如那些陈词滥调的口号有效的话，我们早就开始用了，怎么还会拖延呢？

积极应对以迎接正面挑战

当你积极应对时，你会在挑战来临前就做好准备。这种积极的应对方法可以帮助我们预防“最后一刻的忙乱”，找到一种低压力、高质量迎接挑战的方法。

这种积极应对方法是一个新概念吗？不一定。很久之前它就已经是企业管理词汇之一了。但是，这一名称和过程引来很多学者的研究。研究的初步结果是令人鼓舞的。这种前瞻性的目标管理方法（挑战前景）似乎可以有效地提升积极成果并且减少压力。通过积极步骤进行正面的努力，似乎是与幸福感相关联的。

当你积极主动地应对时，你会用可利用的信息来评估当下的情形。为了填补空缺，你会研究关键点，算出你能够做到的事情。这种自律模式适用于在压力变大之前应对挑战。

假设你将按计划召开一个解决问题的会议，会议中你将对如何维持变化中的绩效考核记录，以及如何提高其准确性和价值进行发言。你对该会议感到紧张不安。通常你会拖着，并说以后再做计划。接着你便任时间一分一秒地过去，直至会议马上要召开了，才仓促赶工完成。

熟练掌握绩效考核信息是必要的。你并不喜欢在最后一分钟忙乱不堪地挣扎完成绩效考核报告。但是在汇报材料不完整的情况下，面对下属更会让你感到压力重重。那么，在这种情况下，你该如何积极应对呢？

对于这次会议，你的目标即是积极应对。你会在稍事考虑之后初步拟定一个立场，然后对该领域进行研究并将调查结果提炼成一个确定的立场。你也许在开始前无法明确自己的立场，因为这正是提前积极研究的目的。

战拖小贴士

积极应对的四个步骤

步骤1：对即将到来的情况，将模糊性和不确定性视为一种正常现象。通过锻炼自己积极应对的能力，帮助自己减少对不确定性的担忧。在与挑战正面交战前，你不会看到事情完整的发展势态；你掌握的知识越丰富，就可以发现越多的突破口。比起单纯幻想明天会更好而今天不付诸努力，这个办法通常要好很多。

步骤2：想一想潜在的可预见的阻碍，例如届时会产生压力的想法。计划如何积极应对它和预测在它之前出现的其他阻碍。

步骤3：为制订计划准备并收集信息，并利用新信息随时调整计划。在你积极进行这个建设性进程时，你可以为接下来的其他预备步骤制造动力。

步骤4：建立起一个积极应对的时间观，以避免该进程也像其他被拖延的行动一样卷入相同的“时间漩涡”。承诺你将何时开始以及首先做什么，可以引导整个进程进入运行状态，并使其不再拖延。此外，还应运用挑战性的语言来确定积极应对的方式、时间以及地点。

你不可能在会议开始前就已经知道全部的答案。会议目标就是使讨论的问题具体化并得出合理的解决方案。但是，当你进行准备工作时，你很可能会将会议视为一种挑战。如果你不期待自己在会议中受到关注，你就不会感到有压力。

控制挫折低耐受性拖延

挫折低耐受力是指对可能导致困扰躲避和拖延情况的压力表

现出强烈的反感。这种对不适感觉的敏感性，会被自我对话（例如“任务太艰巨了，我受不了了”）放大从而变得更加严重。这些把压力放大的思维方式，极有可能引起拖延。而诸如“是什么导致任务如此艰巨”、“为什么受不了不喜欢的事”之类的问题，能够帮你揭示这种思维的虚假评价维度。

建立挫折高耐受力，是一项重要的人生挑战。如果你不再惧怕或逃避压力，你就会觉得你可以掌控自己以及周围一切可控事物。有趣的是，当你不惧怕压力时，你反而不觉得有那么大的压力了。如果拥有挫折高耐受力，你将有可能在自己的日常活动中迎接更多挑战、收获更多胜利以及满足感。发展并利用战拖能力能够在你提升自我效能的同时，帮助你减少对压力的恐惧。

通过拖延的方式来摆脱压力，通常会涉及一个评估过程。不恰当的、夸大的评估往往会导致躲避困扰。导致困扰躲避的评估往往会与自我怀疑并存，并增加拖延所造成的伤害。如果你减少自我怀疑或提高对压力的容忍度，你便是在减少由此产生的拖延习惯及造成这种习惯的条件。

针对挫折低耐受力建立压力缓冲

挫折耐受力训练是缓解压力和拖延（压力相关的、可引起附加压力的拖延）最有效的方法之一，以下是三大主要方法。

（1）锻炼身体以减缓各种挫折所引发的压力。持续的压力会增加患病、疲劳和情绪障碍的风险，所以一个良好的体魄可以起到缓冲这些风险的作用。这需要你定期锻炼、合理饮食，将体重保持在性别、身高和年龄能承受的范围内，并保持充足的睡眠。

（2）将心灵从不断的压力情绪中解放出来。它包括处理悲观、完美主义情绪，以及挫折低耐受力的自我对话，例如对自己说“我受不了了，我必须立刻解脱”。

（3）改变与不必要挫折感相关的模式，例如不去盲目追求某个东西，不惜一切代价回避争执，阻止自己追求幸福和遏止拖延的行动，都是需要改变的模式。

（更多关于挫折耐受力的信息，请点击以下网址阅读免费电子书：http://www.rebtnetwork.org/library/How_to_Conquer_Your_Frustrations.pdf.）

维持适当压力以保证最佳表现的重要性

既然压力是不可避免的，那么为什么不接受这个现实并找出从中得益的方法呢？耶克斯－多德森曲线证实了动机唤醒水平与工作成绩之间的关系，它引入了一个动机不足的维度，同时也使你能够更加直观地理解恐惧和挑战（见图 4-1）。

曲线最左边的斜线表示唤醒和动机唤醒水平不足。最右边的斜线反映了负面思维的影响。两点之间的区域代表唤起的最适范围。然而，不同的活动难度需要不同的唤醒水平，例如接电话和完成工商管理硕士学位的唤醒程度就相差很大。但是，该曲线作为一种有效的认识工具，能让你更加直观地认识唤醒。

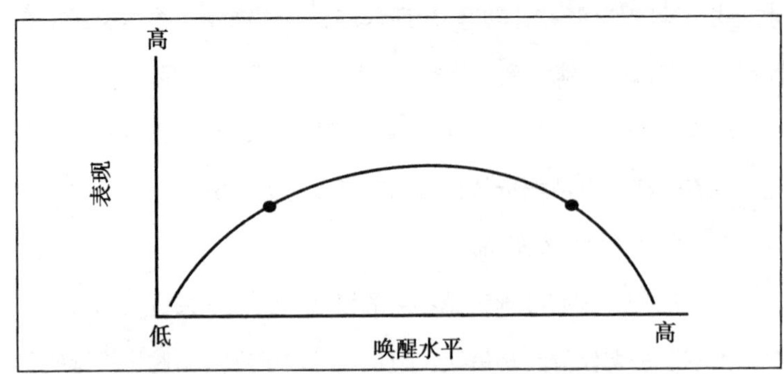

图 4-1　耶克斯 - 多德森曲线

如果你对某高优先级活动的唤醒水平很低，你将面临的挑战就是既要强迫自己开始，又要完成或找到某种奖励。强迫自己是唤醒的一种形式，而使自己从不必要的任务中解脱出来就是一种可能的鼓励性奖励。

如果你满脑子都是威胁的压力，你在解决复杂问题时很可能会遇到麻烦。因为当压力极大时，你的思维会变得特别分散和混乱，以至于你根本没有时间和精力做其他事情。你面临的挑战是“喘口气”，例如到大街上散散步。计划转换到一种自我观察的视角，或许可以利用“ABCDE 问题解决模式”记录或疏理发生了什么事。该组织行动以一个更加清晰、冷静、理智和直达目的的方式，积极地为解决问题创造了条件。

该曲线可以帮助你了解压力唤醒的作用，并明确这种唤醒是健康的。当然，很多学习和记忆是由适当的压力水平激发的。

打破拖延习惯需要努力，并且这是解决拖延事项的最有效的办法。它还有另一方面：当拖延成为痛苦情绪的一种症状时，通向自由的最直接办法就是勇往直前；并利用苏格拉底、弗兰克尔和埃利斯的方法评估这种情绪。如果一个不好用，试试另一个。

战拖小贴士

POWER计划

预设目标（proactively）：设置一个目标，积极主动迎接面临的挑战。

制订行动计划（outline）：制订出一份保证书和思维挑战方法，以帮助你提前想出应对方案。

实施计划（work）：按计划实施，并卓有成效地执行预定计划，减轻你的压力。

评估进程（evaluation）：评估你的工作进程，而非你本人。

巩固练习（repeat）：巩固练习这种预定挑战和承诺的思维方式，直到可以运用自如。

终结拖延症！你的计划——

你可以学着去缓解束缚你的压力环境，这些压力环境通常与拖延共存，如焦虑、将问题严重化或感到不堪重负等。最适合你的方法是什么？

你脑海中有没有一些对付拖延行之有效的方法？用笔写

下来。

1.

2.

3.

你有没有什么行动计划？哪些行动计划是目标明确、行之有效的呢？用笔写下来。

1.

2.

3.

你采取了哪些行动呢？用笔写下来。

1.

2.

3.

从这些想法和行动计划中，你学到了什么？接下来你会如何利用这个信息呢？用笔写下来。

1.

2.

3.

第三部分

行为方法

坚持到底，攻克拖延

第5章

果断行动

有意识地坚决执行计划是坚持到底的第一步。一旦意识到习惯性拖延的触发因素所在，适应了不愉快任务带来的情绪，为完成任务而做出坚持到底的决心，你就终止了拖延的怪圈。克服犹豫不决是积极改变的关键，你将学会如何扫除障碍并把要紧事进行到底。

中国古代的军事家孙武曾说过："知己知彼，百战不殆"。这句话不仅可以用于军事，还可以用于决策过程。如果你知道推迟做出重要决定的原因，知道如何有效地处理，并且持之以恒地贯彻执行，你将和拖延说再见。当然，这并不会每次都奏效，就像在战场上没有常胜将军一样。但是你可以使事情对自己有利，而本章将会教你如何去做。

决策贯穿人类的一生。一个明智的决定有什么共同特征吗？如何做出那样的决定？很可惜，关于如何做决定的可靠准则并不存在；决策的情境也是千差万别。不同的情况需要你使用不同的价值观、准则和规程。一些决定涉及解决冲突；另一些包含机遇，但也可能是风险和不确定因素。你所面临的也许包含着棘手的选择；也许你会面临你所不希望看到的取舍或者两恶相权取其轻的情况；你也许会经历这样的冲突，是放弃没太大把握的绝好机会，还是选择有很大把握的次等机会。观念或偏见会对决策产生不利影响。因而，对于决策来讲，了解你自己是很重要的。

当受到拖延症干扰时，如何提升自己决策的质量与及时性？在这两个步骤中，你将学习如何摆脱决策拖延状态，做出并执行坚定而有效的决定。

为展开这两个步骤，我会在本章中分三节进行说明。首先描述影响“犹豫不决”的因素；其次则与终结决策拖延有关；最后讨论如何做出有效决定，并付诸实施。

拖延症，不确定性与犹豫不决

Decision（决定）的词根是拉丁语 decido。它包含两个意思：决定与失败。为了避免失败，你也许会选择不去做决定。但是，如果你采用了前文提到的无失败计划，并且把注意力放在发现而不是逃避过失上，那么你就不会像秋叶一样“跌落”。

在本节中，我们把不确定因素看作犹豫不决的一个条件。我们将讨论四种克服决策拖延的方法，避免如坐针毡的痛苦，得到有益的收获。

在模棱两可的情况中，你无法审视全局。你知道自己面对着未知。无论你做什么，成功都不能得到保障。当你觉得不确定和困惑时，就算是头等大事，你也会逃避决策。

不确定性会引起困惑、质疑或一些介乎两者之间的东西。然而，一个包含未知性的高优先级状况就会无意间引发压力与拖延吗？它取决于你对不确定性的容忍度与对现状的看法。

如果你也像成千上万的其他人一样，无法容忍不确定性，也许你会发现这种无法忍受来源于一个不切实际的评价过程。比如，对不适感过度敏感加上对糟糕状况的夸大和渲染，或者把情况想得能多坏就多坏，紧张的状态很容易扩大。在这种被放大的压力之下，理所当然地，抵抗力低的拖延方式就呼之欲出了。

让我们来看看由于不能容忍不确定性而拖延的四种情况：错觉、直觉启发、担忧与模糊。

基于错觉的决定

你的直觉、洞察力和情绪敏感的发展要先于推理能力的发展。推理和洞察力为人类更好地生存和做更高级的抉择提供了条件。但是，一种有用的工具同样也可能会带来麻烦。

心理错觉是直觉和错误理解混合的结果。你相信它的真实性和正确性，但事实并不是你所感知或理解的那样。心理错觉确实可以用来解释减少不确定性的答案。

你是否相信，基于错觉的决定在给你带来虚假的清晰感的同时，也造成了高错误率的决定？很少人相信错觉对他们的生活有着控制性的影响，但错觉却经常对识别理性选择和做出明智决定产生干扰。

也许跟你的拖延共存的，恰恰是一些热点错觉。事实上，有时候拖延恰恰反映出，错觉带来的心灵迷雾有何等巨大的笼罩力量。“明日幻想”是虚假希望导致的一种错觉；认为你对不确定性毫无掌控能力，则是一种自卑错觉。如果你没有觉察到这些有害的心理错觉，你就很容易重复那些自我挫败的模式，却不明白为什么。

如果你认为臆想是事实，你会陷入理解错觉。你会自信地误读形势并且基于这种误读做出决定。哈佛大学经济学家约翰·肯尼斯·加尔布雷思指出，人们越不确定时，反而会越武断。

以下是一些影响决策的错觉实例。

- **判断错觉**。如果你相信自己的判断总是正确的，显然是个错误。因为要做到这些，你必须拥有最权威的信息，做到完全客观，并且没有任何偏见。
- **情感洞察力的错觉**。如果你以为自己对某事感觉很强烈，它一定是对的时，那么基于这种假想的情感洞察，你的判断很有可能就建立于第一印象上，而不再考虑其他因素。
- **优越感错觉**。如果你认为自己就是比别人更聪明更有能力时，你会直觉地拒绝所有与自己观点相悖的建议和行为方法。
- **自卑错觉**。如果你低估了自己的能力，那么就算你的行为展示出极强的能力。当你为了保持自我印象的一致性而限制自己时，那可能会成为自证的预言。

以下这些积极应对练习可以用来对付心理上的错觉，做出切实可行的决定并且避免决策上的拖延。

觉察：你可以通过结果辨别出错觉。如果你认为自己需要做出完美的决策，你将错失一次又一次良机。错失机会就是一种结果	**行动**：全面回想一遍这件事并尝试反驳在意识层面上产生的心理错觉。比如，问自己："我是否有确凿的证据证明我将做的决定是基于事实的？又是些什么事实支持了我的决定呢？"

对直觉启发的过度依赖

在自己不熟悉的情况下，你通常会依赖直觉启发或经验来指导自己的决定。这些所谓的经验法则、常识、选择性的尝试或来自经验的例子有许多种形式。"拿不准的时候，抛硬币决定"就是一种直觉启发。

直觉启发能指引你更好地进行规划和决策。在脑中预先详细描绘达成目标之后的情形，可以给你带来有益的直觉启发。反思全部过程和部分细节，也许你能帮助自己突破规划的瓶颈。

当你的知识库中产生空缺且没有时间研究某个问题的时候，相信自己的感觉也许是最好的选择。如果有些事感觉不对，它也许就不对。你面对的是一个需要马上解决的问题。例如你受到了一个邀约，要求你马上决定是否接受，它听起来好得难以置信。你根据情绪暗示和以往的经验来评估并接受了这个邀约。但是，一些直觉启发有不足之处，比如导致你做出不好的决定，还有一些潜藏着拖延问题。

- 有时候直觉启发能起到好的效果。但是，经验法则可能引起曲解和不当的决定。你认为直视你的眼睛就是诚实的表现，但其实存在这样的悖论：病理性说谎者一般都会直视你，而异常诚实的人也许会出于害羞而逃避眼神交流。
- 基本归因谬误是一种很典型的直觉启发谬误。它是指将你自己的错误简单地归因为情境因素。然而观察别人的错误时则刚好相反：你降低情境因素的重要性，并将不理想的结果归因于他人的性格缺陷，比如“懒惰”。你倾向于去理解自身所处的情境，并让自己免于自责，进而谴责他人的行为。而当你自己身处其中时，你却不会这么看。当你单纯而严重地依赖“本能”印象时，你所做出的决定会变得武断而存在偏见。依赖本能印象，通常是权宜型拖延的一种借口。当你依赖它时，你没必要准备并做出一个经过计划的决定。因此，依赖于本能感受并不明智。

通常，当负面情绪的悄声耳语足以引发你拖延的想法时，直觉启发通常会比认知的自觉反应更有效。但是，因为直觉启发是种笼统的规则，所以它还是会比推理出来的评价要差一些。下表列出了一些主动应对方法，通过经过反复思考达到修正直觉启发偏差下决策的目的。

觉察：把感知反应、直觉启发与准备相互区分开来。这样做你才能知道自己在决策时所处的位置	**行动**：根据当时的情境决定哪种决策反应是合适的。强烈的分心冲动与长期目标相适应吗？在这种情况中，直觉启发在这里有没有受扭曲事实的偏见影响？采取精心安排的方法能给你带来什么

忧虑和拖延

当你忧虑的时候，你变得无法容忍不确定性。你开始假象各种可能的危害。具有威胁性和灾难性的可能使你变得神经紧张，即使你对究竟会发生什么毫无所知。

这种认知上的和情绪上的分神有可能加深拖延。

担忧和拖延存在某种共性，它们都会带来一些回报感。当糟糕的可能性并未实现，你顿感轻松。而当可怕的后果真的没有发生，这种轻松感就是对担忧的回报。晚一点儿再做决定能让你感到放松。这样的放松就是回报感，它提高了产生焦虑或者拖延发生的频率，比如，你很容易陷入类似的循环中。

下表中列出针对由忧虑引发的拖延症的一些前摄性应对练习。

觉察：如果你非常担心做出错误选择，那么你所持有的错误信念更加重了担忧。你也许会认为自己在不确定的情况下需要一些确定的事	**行动**：信念是让人信服的，但信服不能让信念成真。摆正态度去对待一些事情，想一想能发生的最好和最坏的事情，还有一些介于两者之间的结果，然后想一想为达到这些目的，你得到些什么。最有可能产生的可控结果是什么

完美和模棱两可

如果反复权衡利弊将你置于拖延的不作为中，这种模糊状态可能会酝酿成一种认知、情绪和行为上的完美风暴，最终导致你做出冲动的决定。15 年来，薇洛一直在寻找自己的完美心灵伴侣。她一直在可能的人选中徘徊，犹豫不决。就像一个缺点探测器，她在每个人身上都能找到缺点，因为他们的不完美而恼火，并最终草率地拒绝了每个人。

终于，薇洛开始走向中年。她选择了生育作为她的头等大事。能否找到完美伴侣已经不再重要了，婚姻成了生育的手段。而她唯一的人选只有托尼，一个老酒鬼。他们闪电般地结了婚。两年之后，她生了两个孩子，而失业的托尼一直都拒绝戒酒。这时，薇洛又面临着另一个重要的抉择，可她却不知道该怎么办才好了。

下表中列出了一些积极主动应对练习来应对决策中的犹豫不决。

觉察：如果你继续踟蹰不前，不断抬高条件和要求，你会觉得像是进入了恶性循环一样。这种犹豫不决就反映出了对确定性的渴求。但是，只有最要紧的情况才需要解决	**行动**：大多数含有不确定因素的决定，都有可能适合但不完美。奥卡姆剃刀定律指出：情况不应被无意义地人为复杂化，最简单的解释往往是最好的，简化

与决策拖延战斗

自动拖延（automatic procrastination decision，APD）起初是原始的情感知觉暗示和对差异的强烈要求。APD 可能源于潜意识，比如在某情境中察觉到复杂与不安的因素。

当某事可以现在就开始，但你承诺以后再做，就会产生高级自动拖延。这能够引发一连串的拖延想法。

“我不知道哪个才是最重要的或者从哪里开始。我得先暂停一会儿。”

“我需要更多的参考。”

“开始之前我得多做点儿工作。”

“时间不够了，今天没法开始。”

“一会儿就去做。”

一个虚假的“晚些时候再做”的想法，能从理智雷达的眼皮子底下晃过去。当这种情况发生时，更多的拖延决定将紧随其后。你告诉自己“我太累了，懒得去想”，来安抚自己。如果之后你的行动越来越少，你就能找借口原谅自己，因为你当时太累了。当抉择时刻再次来临，你再一次以自设障碍为借口，洗脱拖延的罪过。

对你的思维本身加以思考，看清拖延思维与其后果之间的联系，当你决定开始高效率行动时，这些都能让你处在一个有利的位置上。这往往是从拖延进程当中抢回主控权的第一步。

决策拖延

自动拖延是迟到型拖延和其他拖延种类中的一个可预测部分。迟到型拖延就是在不重要的活动上消磨不必要的时间，以致错过了应该出发前往目的地的时间。磨蹭或者做一些类似清扫、洗澡、打电话的事情就是你的自动拖延。在漂移型拖延中，你习惯性地推迟建立生活目标，用无目的感和自动拖延束缚自己，比如看电视。跟迟到型拖延和漂移型拖延一样，决策拖延也是拖延的一种，它也包含着自动拖延，但这种自动拖延是发生在逃避做决定的状况下。

决策拖延是毫无必要地把那些需要及时做出的重要决定推迟到另一时间和日期。因为工作，你需要选择居住在波士顿还是迈阿密，两地都存在大致相同的优缺点。当你推迟决策直到找到完美的解决办法时，你就已经陷入了决策拖延的困境。

让我们来看看结束决策拖延和做决策的技巧和方法。这些相结合的方法包括挑选出什么是最重要的，练习立即行动，把合理的决策过程进行到底，战略策划与解决问题。

挑出最重要的事情

基于情况中最重要的两三个因素去决策是一种有效的办法。当你从众多选择中选择一个，那么这就是你认为的最重要的一个，决策就是这么直接，所做的决定也是有效的。

在工作中，往往存在多种职责，不同的优先事项之间可能也会相互冲突。怎样才能知道自己有没有偏离最优先的轨道？你可以用表 5-1 的优先识别矩阵，按照紧迫程度与重要程度，对自己的活动进行排序。这个优先识别矩阵是一种非常典型的时间管理方法，它可以帮助你有所侧重地进行决策。最重要最紧迫的事，自然而然就成为焦点。

表 5-1　优先识别矩阵

任务	重要	有用	不重要
紧急			
不紧急			

如果某件事并不紧迫但很重要，而你当时也没有其他亟待解决的问题，你就可以从容地开始这件事了。比如，你知道自己有项任务是把 12 种相似的生产方式总结到一张纸上，而截止期限还很远。这时，你选择了先去完成这项任务，而不是先整理自己的文件（不重要也不紧迫的事）。这样，在这件事转为紧急状态之前，你就已经把它完成了。这个表格还可以帮你把重要事务和分心事务区分开来。如果你在重要又紧急的事情之前，先做了不必要的事，你就可以断定自己正在拖延。

练习立即行动

导致决策拖延的对不确定性的焦虑，是由实际情况所引发，还是由你对它的理解角度所引起的？实际情况只是导火索，而不是根源。更确切地说，是实际情况和你对它的理解方式，一起影响着你的决策。对已做出决定的执行过程，以及预期结果的态度，也会影响你的决策。这种思考过程，有时会让你在某个决策中举棋不定，有时则让你直接决断，付诸行动，坚持到底。

不确定状况下的犹豫不决是很正常的，但当犹豫与拖延叠加在一起时，就构成了拖延的一种复杂形式。比如，犹豫不决时那种像是被冻住一样的僵硬感，很可能就是对不确定性产生焦虑的一种征兆。表 5-2 给出了决策拖延的案例，以及相应的立即行动指南。

表 5-2 决策拖延案例

决策拖延的僵局	立即行动的选择
决策拖延的僵局： 你想要安全无风险，你想避免犯错误，你认为自己犯错时后果很严重，所以你避开阻碍，等到有保障前才开始行动	换个角度，立即行动： 挑战自己的假设，让自我接纳压过那些让你犹豫不决的假设，比如什么“出错是无法忍受的”。你想，既然你也赞同现实当中充满了不确定性，怎么能同时接受“无法忍受出错”的假设呢
决策拖延的僵局： 你把那些不确定性编成恐怖故事讲给自己听。那些不确定性有时确实存在，有时却纯粹是臆想出来的，你把对现状的恐惧进行渲染，直到把自己弄得不知所措	换个角度，立即行动： 收集相关信息，利用所有可用的信息，通过一份善意的努力，帮自己选择一项行动

虽然没有一个保险的准则，能够在结果出现之前就保证决策的正确性，然而，在绝大多数情况下，犹豫不决及其导致的不作为，本身就是一种错误的抉择。按照 49∶51 原则：如果你稍稍倾向于一个方向，那就坚持到底，除非你看到事情的结果将你指到另一条路上。这个比例该如何确定呢？没有完美的答案，尤其当决策看起来两者皆可时，更是如此。不过你可以尝试着列出每个方向的优缺点，这样思路可能就会开始清晰，而你也能辨别出轻重差别了。

解决问题并坚持到底

如果你意识不到决策拖延的问题，同时又忍受着优柔寡断所带来的恶果，怎么办呢？这时你做不了什么。解决决策拖延的问题，大部分在于意识到问题的存在。当不同种类的拖延并存时，这将变得非常棘手。

决策拖延可能会跟其他形式的拖延密不可分。比如回避责难型拖延，也就是说，推迟抉择是为了逃避责难。假设你是那种容易滑入行为性拖延的人，你可能会选择方向、确立目标、制订战略规划以实现目标，然后呢，你该执行计划了。可当你遇到第一个障碍的时候，你不确定要做什么。按照行为性拖延的典型套路，你就会把后续的工作统统推迟。当不同类型的拖延，因为对不确定性的焦虑而交织在了一起，你通常就不得不同时面对两个问题：既要把战拖的行动贯彻到底，又要解决掉那些并发状况。

本书能够帮你看清引发拖延问题的外部条件。下文中的问题解决表，就涉及如何面对这种形式的挑战。

（1）问题往往存在于现实与理想之间的鸿沟中。在这条鸿沟里，存在着未知的因素。而要解决问题，通常需要对问题进行评估，找出解决方案并对解决方案进行测试。那些共存的拖延过程，会干扰你对解决方案的准备和执行，你需要打败它们。

（2）如何对问题情况加以定义，是非常重要的。一个表达到位的问句，能帮你指出答案的方向。解决问题的方向，往往就藏身在这些问句之中。比如，要停止你当下的决策拖延，就必须经过哪些步骤？这个问句聚焦于问题，以及分辨出解决步骤的重要性。

（3）下一步是为问题列出限定条件。新的问句能够刺激人们寻找答案，并在此过程中扩展和澄清对问题相关领域的认识。是什么、在哪里、什么时间、什么方式和为什么，当你试图对问题做出鉴别时，这些问句能让你的鉴别更加充实有力。你在逃避哪些紧迫的决定？这种事情在什么情况下容易发生？什么样的时间点最容易发生推迟？犹豫的时候，你告诉自己什么？你为什么觉得做出选择是一件麻烦事？在不同的情景下，对你提出的问句加以正反推导，你就可以让这些问句反过来帮你走上高效之路。

（4）对问题进行重构，可能会带来不同的选择和结果。重构问题情景的主旨，在于将你从拖延的轨道引到立即行动的轨道上。使用问句来对过程进行重构。如果我的假设并不准确，会是怎样？准确的假设又会是什么样子？我还能想出哪些其他假设？设想一下，你的决定可能会导致意想不到的后果（可以是正面的也可以是负面的，抑或正负兼备），但你并没有必要因此而贬低或抬高自己。去找三个常常跟你观点不一致的人，从他们那里收集三个替代性的看法。

在解决那些已被表达到位的问题时，你可能还是会经历几次失败的尝试，而没有立刻解决掉问题。可能你找到的“足够好的解决方案”，仍然不够完美。但是，只要你进入了决策过程，你就会很容易找到办法，通过锻炼而实现自己的能力。

美国外交官兼科学家本·富兰克林曾在自传中说：在建立目标并为之奋斗的过程中，他发现自己并不完美，但是如果没有让自己接受挑战，他将远远不会变得像后来那样好。

发挥理性决策过程的力量

如果决策拖延成为你前进路上的拦路虎，你要解决的问题可能就会陷入停滞。表 5-3 对比了失败的决策过程与理性的决策过程。

表格中的对比，为我们提供了看待 Y 决策的另一种角度：从失败的决策过程，转为现实基础牢固的理性决策过程，你需要在不同选项之间权衡利弊，并追随当下可行的最优选项去行动。当你面临“撤退还是前进”的 Y 决策问题时，体会一下失败的决策过程与理性决策过程之间的差别吧。想一想是哪一方在控制着局面，是马还是骑手？

表 5-3　失败的决策过程和理性的决策过程的对比

失败的决策过程	理性的决策过程
模糊、模棱两可、对问题的定义不明确	对问题的定义清晰、具体，目标可测量且可行
依赖情绪进行判断	从积极的价值与伦理取向，做出理性的判断
自我倾注（self-absorbed）视角，聚焦于逃避	自我观察（self-observant）视角，聚焦于解决具体问题的行动
犹豫不决逐渐加深	使解决问题的行为得以加速
拖着不做决策	作为最初行为决策的自然延伸，带来行动的决心

采取主动战略，果断行动

19 世纪，普鲁士军事战略家卡尔·冯·克劳塞维茨出版了《战争论》一书，吸引了许多对战略规划感兴趣的商界人士。对于想要获得冲劲同时又要适应瞬息万变环境的组织来说，这本书里的战略计划内容是非常有价值的。你也可以采用同样的方式，提高决策的质量，摆脱犹豫不决的困境，享受高效率的成果。

冯·克劳塞维茨的方法侧重于战略规划与执行。他把战略定义为对战役的规划过程，在这种规划当中包含了一系列战术的协调使用，以达成主要目标。战术是应对独立问题的小规模的规划。要对抗乃至终结你的拖延，你既可以选择相应的战略，也可以灵活运用相应的战术。

战拖小贴士

决策中的DECIDE原则

下决心（decisions）：下决心总是在所难免，所以在下决心这件事本身当中，你也需要下决心去做。

迈出第一步（enter）：勇敢踏入不确定性的疆域，在不确定性当中学会辨别，找准方向。

全盘考虑（consider）：将替补选项及其后果纳入考虑。当然，其中也包括了“不作为”的后果。

执行计划（implement）：执行那些可以解决问题的行动。

确定有效方案（determine）：确定哪些有效，哪些无效，哪些在修正后会有效。

持续改进（engage）：投身下一个挑战，积极而持续地发挥自己的才能。

表 5-4 列出了我从冯・克劳塞维茨的书中摘录的 7 个原则。他的主旨在于关注最重要的东西，以及有效调节自己的时间与步伐。这些原则和应用方式都已在表中列了出来。

表 5-4　冯·克劳塞维茨原则在克服拖延中的应用

冯·克劳塞维茨原则	在克服中的应用
1. 准备的原则。胜利者不是盲目成功的，行动前的充分了解与前期准备是非常重要的，情境决定了行动计划及其价值，而决策又会受前期准备的影响	觉察：虽然紧急情况强制你做出果断行动，但是一个完备的计划通常让解决问题变得事半功倍 行动：确保自己把足够的时间放在准备工作上，并确保在动手之前合理的基础工作都已做到位，测试并评估方案本身，而不是你自己
2. 适应的原则。任何一种情况中，规矩是绝对不能强行使用的，而在特殊情况中适当变通是有必要的，然而，相似的情形再次出现让原计划变得简单许多	觉察：拖延症有着各种各样的起因和类型，它们中也有一致的因素，比如注意力分散导致的低效状态 行动：把共性与个性区分开，调整自己的行为来应对你所熟悉的拖延特征。依赖直觉启发或许是决策拖延的一种特征，调整自己的方式来应对这些直觉启发
3. 集中的原则。把注意力集中在重要方向上，尽量避免分散精力和时间，把所有精力都来使成效最大化	觉察：拖延症是一系列分心的行为。最关键的转变是把自己的行动焦点放在有效行为与结果上 行动：挑战自己，找出你最容易拖延的部分，然后调动所有注意力对抗不必要的分心，帮助自己推进该项目
4. 平衡与动量原则。仅使用足够达到目标的时间与资源，除非犹豫是一种战略需要，否则永远别在后续工作上浪费时间	觉察：也许你会认为有成效的行动是繁琐费神的高强度投入，足以让你有理由逃避。换个角度看看，为达到最好的效果，你能付出的最少努力又是多少呢 行动：挑战自己，尝试为完成你所选择的行动而挑战时间与步调
5. 勇往直前原则。保持攻势，在每一次挑战中倾注活力。虽然没有绝对成功的把握，但是前进总是积极的，防御与退避总是不可取的，除非在别无选择的时候	觉察：决策拖延是对退缩的不断练习，是种消极行为。而合理的方法应该是勇往直前，是积极的行为 行动：考虑如何运用挑战思维来促进你的有效行为。然后练习用挑战的模式思考，这是为了让自己主动去寻求进步
6. 高效的原则。避免让自己陷入拖延与最后期限的挣扎中，因此逃避是绝对不可行的。相比让自己从麻烦中解脱，不让自己陷入麻烦要好得多	觉察：犹豫不决导致的推迟让你置身困境。如果现在行动失效了，随后新的麻烦就会出现，你也许会发现这个麻烦很难应付 行动：如果你的目标就是避免陷入困境，那么现在就计划开始行动吧，回避不是办法

（续）

冯·克劳塞维茨原则	在克服中的应用
7. 坚持的原则。包围“敌人”，果断开战，不给逃避留下任何空间，扰乱“敌人”的交流，切断“敌人”的供给	觉察：对抗决策拖延需要果断。把注意力放在果断行动上 行动：寻找决策拖延的弱点，比如对分心的渴望。通过挑战想要拖延的愿望，来扰乱APD拖延思维的进程。让“立即行动”的方式来压制分心的愿望

以上给你提供的是抗争拖延战斗中的一些原则。这样，你就能带着计划面对不确定性了。通过实施自己的计划，你会感到更加清晰明朗，并从中获得指引。你也可以将这些原则用于对抗决策拖延，以及其他种类的拖延中。

养成果断行动的习惯并不能一蹴而就。通常，这个过程需要你付出艰辛的努力，让自己习惯使用一种通向合理目标并行动起来脱离困境的方式。这种养成习惯的决策就能带你走出犹豫不决的状态。

终结拖延症！你的计划——

当你在各种积极而价值大体相等的选择中取舍时，它们所带来的后续经历可能不尽相同。在同等条件下，没人能说得清哪个更好，哪个更糟，或者相同。

请给出三个你认为能够有效对抗拖延的方法，逐一列出。

1.______________________________

2.______________________________

3 .______________________________

请给出你认为能够帮助自己从拖延中走出，并开始有效工作的三个行为，逐一列出。

1. ______________________________

2. ______________________________

3. ______________________________

请列出你为执行计划所做的行动，逐一列出。

1. ______________________________

2. ______________________________

3. ______________________________

从实现自己的想法和行动中你学到了哪些可以同时应用到其他领域的经验？请逐一列出。

1. ______________________________

2. ______________________________

3. ______________________________

第6章

控制拖延的强效行为技术

一条墙纸慢慢从你的墙上耷拉下来，你决定把它粘回去。但是你得先去买糨糊，取出糊墙的工具，然后才能开始。你挠挠脑袋，这工作量对现在来说似乎太大了，晚些再说吧！这时，你开始挖蚯蚓做鱼饵，然后钓鱼去了。当你回来的时候，脑子里还在琢磨糊墙的事儿。可除去草坪上的野草似乎更有意思些。几周过去了，你还在想着法儿地拖延。把剥落的一小条墙皮糊回去是一件大事儿吗?绝对不是。你就算半睡半醒也能做完。但你发现，你越拖着不办，事情越难开始，也越难结束。

分心行为是拖延的一个很突出的特点。为了避免不适感，你宁可玩空当接龙。你没有专心听讲记笔记，而在纸上胡写乱画。并且，它不仅仅是琐碎的替代性活动，分心行为占健康拖延的很大一部分，你延迟了发展那些能够提升健康程度与幸福感的科学生活习惯。

这些分心行为不仅仅是偶尔偏离健康生活轨道。有时候它们会变成大麻烦，你会感到沮丧。但你没有重视抑郁的问题，想说喝两盅就解决问题，后来喝得越来越多变成了酗酒，如此往复更加重了抑郁。如果你没意识到这个循环，你可能也意识不到饮酒本身就是一个分心行为。但是现在你有另外一个严重的问题习惯伴随着拖延了。饮食过量也可以是一种为了应对焦虑而产生的分心行为，或者是填充无聊时间的方法。过不多久，你连预防冠状动脉疾病的药都不吃了，还是吃巧克力方便些。

分心行为早在古代就为人所知了。伊索寓言里有很多相关的故事，比如“龟兔赛跑”，兔子打了个盹儿，就被乌龟占了先，又譬如当勤劳的蚂蚁在为过冬做准备时，蝗虫却虚度了整个夏天。

如果你没有从你最紧迫最重要的活动中分心，那么你就没有在拖延。在本章中，我将告诉你如何终结分心行为并使用从中争取到的时间来投入到有意义的活动中。你将学会如何避开让你分心的事物，更好地利用时间管理技术，运用各种有效的认知和行为技术，极大增进你的自我调节技能，以及鼓足干劲不达目的誓不罢休的精神。马上开始吧！

导致拖延的分心行为

分心行为是开始拖延的一个典型信号。当你在行为上开始分心时，你用回避取代了高效行动。你用参加聚会来回避为明天的考试做准备；你用逛街来回避处理不愉快的冲突；你用读闲书来回避明天要做报告的恐惧。

分心的行为可以无止境地链接下去。你不去解决一个人事上的棘手问题，却去查看股市的最新信息，顺便逛了逛网上书店，困了打个盹儿，醒来给朋友打个电话，一直这样下去。

矛盾的是，效能工具本身也可以成为分心行为的一种。电脑能够促进效能，但是也可以用来回避不愉快的情形，例如发电子邮件给朋友，在网上乱逛，以及其他类似的活动。手机、PDA 和短信都是和朋友保持联络的很好方式，但也是逃避工作的“好办法”。

战胜分心行为通常要从明确你的选择开始。为了避免自动陷入拖延，使用“对照练习”能够让你在“分心行为”和“现在终结拖延”之间做出正确的选择，如表 6-1 所示。

表 6-1 对照练习举例

分心行为	现在终结拖延
1. 打游戏或者浏览网页	1. 按原计划行动，将打 10 分钟游戏或者浏览 10 分钟网页作为每连续工作一小时的奖励
2. 开车出去	2. 重新集中注意力，专注于此刻的任务
3. 打电话给哥们儿聊天	3. 打电话给哥们儿，讨论如何回到工作正轨

现在，轮到你了。为自己勾画出你自己分心行为，以及现在终结拖延的方法，如表 6-2 所示。

表 6-2 你自己的对照练习

分心行为	现在终结拖延
1.	1.
2.	2.
3.	3.

用这个练习得到的结果继续进行分析。古希腊哲学家伊壁鸠鲁

曾经建议，应该通过分析行为结果的副作用来权衡结果的好坏。分心行为会导致你不断找借口逃离任务、强化拖延习惯，使你一直为了一项完不成的工作而寝食难安。调整为“立即行动”模式后，可能会有改变惯性的压力，但却可以增强自我效能感。

时间管理真的是一种有效的行为技巧吗

时间管理是指通过用节省时间的观念以及管理工具来提高效率。这包括分析时间是如何支配的，设置优先次序，以及规划和安排日程来把注意力集中在那些此刻更为重要的任务上面。更好的时间管理为提高工作效率提供了保障。

时间管理是拖延问题的行为解决方案吗？它在帮助解决一些有明确截止时间事务的拖延时可能会有用。但是，时间管理通常对那些最不拖延的人最有效。时间管理似乎也用来帮助管理人员和员工提高工作效率，但这就是另外一回事了。

关于较高产出有另外一面需要考虑。过去 20 年的研究表明，强调自我赋能、密集训练，紧密团队合作训练等人力资源项目带来了更高的产出。这些进步带来的生产率提高超越了“按时完工”“整体品质管理”以及供应链合伙关系等传统培训。我们暂且可以总结出：对你工作的全面掌控感是控制拖延以及增加产出的至关重要的因素。

在制造行业这样的环境中，可以通过提高在职员工的工作量，以及在工作量不变的前提下减少员工来提高生产率，生产率可以用每个人每小时做了多少工作来计算，公司通常会督促个人在单位劳动时间内完成更多的工作。当你以时间标准来衡量生产率时，增加产出就意味着更有效、更节省地使用时间。

不同的工作对生产率有着不同的要求。在医疗环境中，流水线式的方法会降低对病人的看护质量。然而，管理式医疗保险企业通常依靠削减医患接触所花费的时间，缩短调查研究工作的时间来提高产出。这种常规做法打击了大量刚从医学院走出来的、从事基础护理工作的毕业生，因为管理式医疗显得很不人性化。它让人觉得工作时像机器一样，增加了职业枯竭的风险。从管理式医疗保险公司的角度而言，医生可以随时替换，所以他们无须担心职业枯竭的问题。但从社会或专业的角度，这是对有限资源的严重浪费，让这种方式的时间管理沦为一种很短视的行为。

如果你是老师，将你的 PPT 演示量加倍会使得学生更疲惫。学习是一个积累的过程，发展新知识和技能是复杂、耗时的。然而，一个老师如果能够避免在改作业和备课上的拖延，他能收获更多。提高案头工作效率，意味着有更多时间用于休闲。

在日常生活中，有时间观念可以节约开支。你可以避免因为错过截止日期而被罚款。你修好了屋顶，就不会有湿答答的天花板；你修好了漏电的汽车雷达，就不需要换掉整个引擎。

对维护类事务的推迟，反映的是拖延而不是时间管理问题。避免危机的发生是件很重要的事，然而，拖延的吸引力可能更强大。这往往已经不是节约时间的问题，而是想办法摆脱困境的问题。你就是在这时开始因为拖延而落后，并开始编造借口和寻求时间宽限的。

时间管理本身有一个巨大的问题，就是你可能在运用方法时也拖。如果你最初确实使用了这些方法，你也可能在随后将其放弃。更可怕的是，用这种机械的结构化时间管理的方法既不能解决简单拖延模式中的无意识拖延习惯，也不能解决复杂拖延模式中并发的其他问题。其他与时间管理概念相关的问题如下。

- 时间管理通常只有在付出同等劳动能产出更多时才会被采用。当人们对此并不看好时，抗拒和怨恨能抵消之前的任何收益。
- 设定优先顺序与决定一个序列中什么事情应该先做有关。然而，一种通用的时间管理方法常常忽视了个体心理以及工作环境的差异。
- 时间管理似乎把时间看作物品，而把人视作按时间线工作的机器。这种方法用时间管理系统取代了人的自主权和自我掌控感，从而会削弱工作本身所体现的价值。

时间管理可以帮助一些人在单位时间中创造更多价值，但在对付拖延问题上却大打折扣。行为疗法可能对某些人有用，但是对顽固型拖延的人来说，三管齐下的疗法会更有益。

战拖小贴士

每当你产生了分心的强烈冲动时，想一想那些因为拖延而产生的长期性的烦恼，再想一想立即采取行动将会带来的满足感。

佛祖会列任务表吗

如果你问佛祖如何从拖延中解脱出来，他可能会说，你不能从拖延中渴求得到自由，因为欲望本身会成为屏障，你才是问题本身。你的小我占据了所有空间。不要渴望，要无欲无求。从以上的观点出发，佛祖会列任务表吗？

不同的人有不同的目标、价值观、人生哲学以及精神追求。因此，若你想追寻佛祖到达更高的精神境界，那么整个商业界和其中的成就就不再是你所要的。列任务表对你好处不大。你已经知道自己的目标，觉察和经验就能指引你。

如果你看重改善自己的工作表现，你可能带着自我发展与改进的价值观运作。你工作的成果反而成了这一过程的副产品。因此，除非你采取措施来超越对当前拖延状况的真正认识，否则你和拖延的斗争就不算完。如果你想要逆流而上，到达一个更好的地方，你必须跳到船上并奋力划桨。

之后的章节将教你采取具体的行为步骤来超越分心阶段，开始并完成你真正感兴趣的事。每步行动都给出了减少拖延并取得更大收益的几种选择。选择重要吗？是的，选择与提高工作效率和减少拖延都是相关的。

思维终止

在幽默剧《疯狂大电视》的一个小品中，扮演心理学家的鲍勃·纽哈特对于每一种坏习惯都有一个同样的解决方案：喊“停！”

那么这对于拖延也适用吗？纽哈特只是开个玩笑。但喊“停！”确实是终止思维练习中一种严肃的方法。

思维终止是一种广泛使用的行为治疗练习，有时有快速且良好的效果。当你意识到自己的“自动拖延决定”时，就在心里大喊一声“停！”比如，你听到自己说“待会再做吧”，立刻在心里喊出来“停！”试试这种思维终止行为练习，你不会损失什么。然而，你要先想一想你需要在什么事上喊“停！”

任务表

任务表即是你想提醒自己去做的各项事务的列表。你可以使用这样的组织格式，按照重要程度将它们排序列出。它可以是一系列的提醒，比如去取干洗衣物、买一加仑牛奶或约见牙医，也可能是日常例行琐事的模板：你需要提醒自己每天都该做哪些重要的事。

任务表可以很短，一到五项就够。简短的任务表可以帮你把注意力集中在少数几件重要的事上。反之，把你能想到的每件事都写在表上是不切实际的，贪多嚼不烂，你可能根本做不完所有事。

你可以在网上找到各种不同式样的任务表，其中有一些是值得效仿的。你也可以制作适合你自己的任务表，在自己的电脑上使用。

你的任务表可以既包括要做的事，又包括要避免的干扰。表 6-3 的样例供你参考。

表 6-3　任务表

要做的事	完成的事	要避免的分心行为	成功避免了的分心行为

每完成一件事就打个钩，这让你看到自己的工作成果。每次成功地避免了一件分心的行为也打个钩。每次你在富有成效的工作中又领悟到一点儿拖延的本质，每次你成功地避免了分心的干扰，你都又收获了一些成长。

划去规划单

划去规划单是任务表的一种变形。在划去规划单上，你记录目标并列出步骤。每当你完成一个步骤，就在规划单上将其划去，这一步骤本身就让人很有成就感。这里表 6-4 提供给你一个例子，并附上一个空白表格，如表 6-5 所示。

表 6-4　目标：分发关于变更联邦规定的信息

按次序列出计划的步骤	完成后划去
1. 取得新规定的复印件	
2. 写报告	
3. 提交报告以进行编辑	
4. 列表 – 提交项目执行	
5. 执行分发	

表 6-5　目标：列出自己的计划步骤

按次序列出计划的步骤	完成后划去

逆向规划

在逆向规划时，你想象站在一年之后回头看今天，想象自己经历了一段非常有成效的时间。我将以体育锻炼为例来演示如何进行这一连串的规划。

从这个想象中的未来时间点，回溯你是如何通过完成每周三次、每次 45 分钟的体育锻炼计划来实现重点目标的。在逆向规划中，你可以做到以下几点。

（5）我锻炼了一整年身体，我现在身材很好且精力充沛。

（4）我按照我的日程进行锻炼，拒绝让自己有任何懈怠。

（3）在此之前，我第一次进健身房并开始锻炼。

（2）在此之前，我给健身中心打电话，安排了一次见面。

（1）在此之前，我接受了这个事实，即改变的过程必然伴随着不适的感觉。我坚决拒绝以逃避来取代有意义的成就。

逆向规划的最后一步就是你计划的第一步，现在你应该知道从哪开始了。

当你能够具体想象出自己的目标时，逆向规划就是有价值的。但是你很少能想清楚达到某结果所要经历的具体步骤。如果你可以具象化结果，那么你能否具象化达到这一结果之前的那一个步骤呢？在从容易分心的习惯模式转化为富有成效的工作模式过程中，计划细分是关键的一步。不做准备的话，则可能陷入不断做出承诺却无法兑现的拖延模式。细分计划能帮助你跨越从“想”到“做”的边界。然而，只有真正执行计划有始有终，才会有实际的回报。一旦你的努力从观念迈向了现实，采取具体行动向目标迈进就会更简单更容易了。

为了高效而组织

组织系统本身克服不了拖延。但是，这些机械的技巧有助于提高效率，减少由于损失材料，以及在不同任务之间团团转但一个都完不成（旋转门型拖延）而造成的压力。如果你没有有效的组织系统，并且认为自己组织性不强，可以考虑创建一个组织系统来建立对日常工作的控制。这里有一些建立组织系统以及提高日常工作效能的小技巧。

（1）安排时间来处理例行事务，例如付账单、打扫、换机油等，并按照日程执行。

（2）为重要物品开辟专门的存放空间（钥匙、阅读资料、账单）

（3）杜绝那些浪费时间而又鲜有回报的行为（把广告信件、电邮和无关的材料都扔掉吧）。

（4）任务托管：雇人来完成清扫之类的任务，因为将其委托给别人比自己亲自动手更加划算。

（5）如果可行，进行网上购物并要求送货上门。

（6）将需要集中注意力的工作提前安排在不会被打扰的时间。

（7）如果你容易“遗忘”你的系统内某些特定的项目，使用提醒系统。在手腕上绑一根橡皮筋就可以作为提示物。

（8）避免组织或者安排过度。

拖延可能伴随组织系统的发展而产生：你收集信息，建立系统，但没有去使用它们。有时候你得强迫自己进入下一个有效层面来跨越行为拖延的阻碍。然而，如果你继续陷于这种无法开始的模式里，问问自己深层的原因是什么，问问自己如何才能走出去。

进行自我对话以将目标坚持到底

当你在改变的道路上与自己对话，你是在给自己言语的指引，先做什么，再做什么，依此类推。比如，现在我要描述出我具体、可量化的目标。现在我要列出一个计划来实现我的目标。现在我要执行我计划中的第一步。现在我要做计划中的第二步，诸如此类。现在我要回顾发生了什么，然后决定下一步如何调整。这些指导是秘密的，就像跟自己说悄悄话一样。

使用秘密的自我暗示可以达到多重结果：可以制止分心；将拖延过程代之以预先的学习过程；你开始得更早，完成得更快；你能从表现改善中获益。

自我暗示也可以用于改善运动员的表现。运动心理学家约翰·马洛夫（John Malouff）和科林·墨菲（Coleen Murphy）研究发现，高尔夫球手给自己一番自我暗示，能够提高成绩，比如“轻击前身体绷直”。自我暗示也可以帮助易冲动的孩子改善学业表现。

跬步千里法

最复杂的挑战总是始于一个简单的开头。一个拥有理论物理学博士学位的人也是从简单一小步开始的。一言以蔽之，我们的主旨就是将任务分解并保持简约。

你可以把任何复杂的任务分解为第一步和其他易于掌控的部分。假如你是项目经理，你需要分解一个任务来给其他人执行。那么，第一、第二、第三以及随后的步骤分别是什么呢？你会对执行第一步下达怎样的指示呢？

现在，转换角色。给你自己下达指示，比如“首先我要做这个：__________，接下来，我要________。”进行第一步，然后跟上第二步。

简化步骤。第一步可以是简单直白的，比如拨打电话，启动电脑，打开书本，或者拿出纸笔。

五分钟计划

持续使用五分钟计划为打破拖延习惯做一个改变。首先，向自己承诺花五分钟来开始。过了这五分钟，决定下一个五分钟的去向。以每五分钟为间隔（或其他你觉得适合的节奏）直到你决定停止。当你准备结束的时候，多花几分钟来为下个工作时间段做准备。

五分钟系统在中长期计划的开始阶段有惊人的效果。然而，万一你在第一个五分钟开始的时候就拖了呢？重新分组。问问自己是什么让你觉得眼前的任务必须得回避。是什么阻止你开始？以上问题的答案可能是更基础的需要解决的问题。

泰德不能让自己开始准备法庭辩论报告。所涉及的法律问题颇为复杂，而他的对手又是一家成功的大律师事务所的资深合伙人，他感到压力很大。

我们讨论了他在法庭辩论上表现不佳的担心。由于他还不清楚自己将如何辩论，泰德只能承认，在厘清问题之前，他并不知道会不会被击败。

五分钟方法能帮助你节省一整天的时间。泰德同意花五分钟时间读一读克劳塞维茨关于如何做准备并形成决策的文献。毕竟，五分钟不是多长的时间。

当泰德从我这里以及克劳塞维茨的作品中得到大概方向后，他用五分钟原则来收集信息，研究相关法律，以及向其他律师咨询。庭审过后，他一度惧怕的那个有权有势的律师一脸窘相地走出了法庭。泰德的辩论既有力又扎实。法官称赞他准备非常充分。泰德是五分钟计划的拥趸，他将其称为盟友。

三档分类系统

制造一个三档分类系统（也可以建立电子分类系统）。第一档以“追赶”标注，第二档以“跟进”标注，第三档以“超越”标注。

“追赶”档包括之前被拖延了的、现在仍然紧迫又重要的任务。尽快摆脱那些完成就不会回来纠缠你的事务。“跟进”档包括当前的任务，比如那些你现在任务单上要完成的事。“超越”档包括的任务，是那些通过提前完成可以增进兴趣或者减轻日后负担的事情。

每天都花一点时间在你的“追赶”档，把里面的东西慢慢消化直到清空。关注“跟进”档，不要让其中的任务流入“追赶”档。每天都花一些时间在“超越”档，这就是奔向你梦想的方向。

我们都有推迟短期任务的时候，比如取消牙医预约。如果你真要取消预约，想好了就去做，以便将注意力集中到更富有成效的事情上。它也能帮你避免唠唠叨叨的自我提示以及为最后一刻取消预约进行辩解。

对每天囤积琐事的习惯稍做积极改变就可以产生显著的长期效果。你能预防因为拖得太久致使千里之堤最终溃于蚁穴。如果你想到了却不能立即做，把它记在笔记本上或者什么别的地方。当你有空闲的时候就去翻阅并思考怎样去做，可以的时候就立刻去做。

集结起来

至此，你已经看到如何独自一人组织和管理你的行为。此外，当你遭遇复杂的拖延习惯时，你可能需要尽可能多的帮助。当陷入困境时你会向哪些人求助？列出具体的拖延问题，你也许会发现自己其实没必要找他们，因为你自己能解决这些问题。尽管如此，每周跟他们报到一次是你和朋友保持交情以及对抗拖延的好办法之一。

行动起来并且坚持下去吧！列出你的改变计划并立即执行。选一个日子，公布你的计划，找一个伙伴定期监督你的改变过程。按照指定的日期和时间开始，提前预计并适时调整计划。用图表追踪你的进步。定期提醒自己你将获得的长期收益以及将避免的长期困扰。奋力前行吧！

认知行为矫正练习

拖延可能产生滚雪球效应：一件分心的事连着另一件。在前面的章节中，你看到 ABCDE 方法可以用来成功地勾勒出多种复杂形式的拖延。此外，还有一种强效的方法，通过一种综合的结构化的认知行为练习也能达到这个效果。

让我们来看看当布拉德要写一篇综合报告时，他面临的拖延挑战。他采取的方法不同于他松散、回避的拖延风格。这种结构化的方式立刻吸引了他。

练习中，布拉德描绘了他拖延的整个过程，他想要采取的改变步骤，什么时候开始，取得什么成效。俗话说，一图胜千言。接下来的部分就记录了布拉德通过执行这个计划成功地控制拖延的整个过程和结果。但是首先，让我们了解一些背景信息，以便更好地理解这一程序。

布拉德在一家快速成长的保险及金融咨询服务公司中爬到了人力资源经理的位子。这家公司的雇员手册本来是由法律顾问根据一些格式化材料准备的，已经过时且不适用了。

公司总裁想要做一本综合性的手册，配有精美的图片、公司标识、公司历史和使命、对符合州和联邦法律的公司政策及程序的最新陈述等。布拉德是人力资源经理，理应是更新这本手册的负责人。同时，他还和公司的劳务律师直接联系，并且是公司内部一流的写手。

布拉德却有不同的考虑。因为这家公司成长速度飞快，他早就超负荷运转了。这个任务看上去令人畏惧且复杂无比。他觉得写作手册劳心劳力，于是拖着不做，落下了，已经延期了两次。

布拉德担心自己因为拖延被开除。他感到很困惑。他说自己本来是个很有组织计划性的人，只有这件事是个特例。他报告说他办公室到处堆着材料，他手头到处是关于性骚扰、欺凌、病假、毒品测试、卫生保健、教育、401（k）退休计划、业绩评估、发展条例、申诉决议等方面政策的相关资料。下载的资料散布在他硬盘不同的分区中。与法律顾问开会用过的材料和讨论笔记凌乱地散落在各种文件中。他用恼怒的口气说："我在文案工作和自己的职责中乱成一团。"

布拉德的拖延是一种复合形式的拖延。他担心不能满足总裁的期待。他对自己有非常高的期望。他因为自己没有工作而忧心忡忡，这导致了不断的分心，继而又陷入苦恼的纠缠。他把这个手册当作是展现他公司的样板，也是衡量他个人价值的尺度。但是，不管什么造成了他的拖延，布拉德又有了新的最后期限，这可能是他最后一次机会了。

我和布拉德讨论了他拖延的诱因，并且把它们一条条列出来，包括他过高的期待以及他如何通过做别的事来逃避对失败的焦虑。他不好意思地承认，在网上玩红心大战是他最常分心去做的事，这也是他总是加班的原因之一。他在玩游戏上花了太多时间，只能眼睁睁看着自己永无止境地追赶。

布拉德很快学会了如何管理自己的期望，以及把撰写员工手册的表现同他的个人价值分离开来。当他明白把写作手册的表现与自我价值感等同是很武断的以后，他感到松了口气。但是，手册还是要写的。

从各种战胜拖延可采用的组织方法中，布拉德决定采用描绘并修正拖延地图的方法。此方法包括以下几点。

（1）定义列出他拖延时的整个过程；

（2）明确他将采取的改变措施；

（3）决定每个步骤于何时开始；

（4）确定执行每个步骤可以导致的结果。

布拉德花了 5 个小时的时间来理出头绪，做出计划。他填好了前三个栏，最后一栏留下空白。因为他得协调写作和日常工作，他预计花 15 天的时间写完这本手册。然后，他将他的认知行为矫正计划打印了 15 份，在每天结束的时候填上“结果”的部分。这种方法帮助他集中注意力，同时也提醒他注意到他每天的成果。

表 6-6 是布拉德完成的 15 张拖延认知行为矫正单中的第一张。

战拖小贴士

CONTROL方法

集中精力（concentration）：把注意力从分心行为拉回到有意义的行动上。即使不能做到一直专注于有意义的行动上，至少也要专注于随时“拉回”的动作上。

目标定向（orient）：把自己的目标定向，引导到长期目标和长期回报上。

及时制止（nip）当分心行为刚刚萌芽的时候，就把它掐断。

调整方法（transfer）：调整你的工作方式，从分心或娱乐的杂乱状态，调度到按优先次序而分配努力的状态。

时刻反思（reflect）：时刻反思，保证自己总是处在高效率的运行轨道上。

合理安排（organize）：对你所付出的努力，进行合理安排，以便更好地实现你的目标。

事半功倍（leverage）：当以上六步都做到了，会使你的努力事半功倍，让你的工作更加高效。

表 6-6　拖延的认知行为矫正单

拖延过程	改变步骤	开始时间	结果
1. 收集员工手册相关资料而不组织材料。（分类整理资料需要付出双倍的努力。）	1. 在电脑或者纸质文件中将每部分材料进行整理归类	1. 现在马上开始，坚持工作到整个组织阶段告一段落	1. 把打印出的材料分类整理到文件夹中
2. 购买可以帮助自我提升的设计指导书，但是迟迟不开始阅读	2. 将设计指导类书籍的阅读放到整个手册写完后再进行，然后使用书中的信息来改进手册的呈现方式	2. 立刻把这些书放在一边	2. 书被放到了一边
3. 一想到即将进入实际写作阶段，就感到不舒服	3. 将“不适”标记为开始一项工程时的正常阶段，尤其是任务充满不确定性、时间紧以及不那么令人愉快时。要意识到，拖着不去组织整理正是一种“明天再赶”形式的分心行为，会最终导致偏离组织汇编材料和写作的轨道，强迫自己开始去做，无论喜欢还是不喜欢	3. 只要一出现明显的分心冲动，就对自己默念以下口号：“不舒服是退缩的错误信号。”立刻批驳拖延思维，比如“我要做更多研究之后再做这个”。不要再沉浸在研究阶段，把手放在键盘上开始写作	3. 从完全回避这件事变成起码利用好 75% 的时间。我投入紧张的写作中，而不是逃到做白日梦、召集开会或者打网络游戏中
4. 分心去做价值更低的工作或活动，如安排会议，给励志演讲者发电子邮件讨论演讲主题和费用等	4. 列出常见的分心行为，重新认识到这些活动的意义所在，提醒自己承诺过要好好做这个项目；连续工作几个小时后，适当休息 10 分钟左右，用来做其他原本分心要做的事	4. 一旦认识清楚后就立刻开始，利用分心的冲动作为重新集中精力到员工手册的契机，让分心行为遵从正常工作休息时间（分心行为必然还是有吸引力的，不然也就不叫分心行为了。）	4. 成功重新聚焦注意力

5. 分心去网上玩红心大战	5. 工作时每玩红心大战5分钟就烧掉一张百元大钞	5. 在24小时内，集齐10张百元钞，以及火柴	5. 远离了红心大战，得到那些钱，当然，没什么必要真的要烧掉嘛
6. 告诉自己我一准备好就会回来工作的	6. 拒绝相信什么“我以后会准备好的”鬼话。质问自己，为什么待会儿做会更好？是什么让我“待会儿”才能准备好而不是立即行动	6. 监控自己的思想，一旦意识到“待会儿”念头就执行以上策略，发现自己动了“待会儿再做”念头后就大声地质问自己，认识到这种念头的荒谬性	
7. 告诉自己受不了紧张压力	7. 思考与“不舒服是无法忍受的”这个信念相关的思维，学会与不舒适共处	7. 一旦发现无法忍受紧张和压力的念头时，监控思维并执行自我质问的技巧	7. 没得到合理的解释，仍然很想拖，强迫自己开始，发现这次想继续容易点儿了
8. 预测到结果会做得很差，感到焦虑	8. 可以预测到其他不一样的结果吗？回答自己这个问题，同时紧跟原计划走	8. 监控并尽早回应自己的焦虑感	8. 感到较能控制了，担心变少了
9. 做着“我会表现很好”的春秋大梦	9. 把注意力集中在我此时此刻在做的事情，而不是我脑中幻想出的美梦上	9. 严格执行计划	9. 减少白日梦，取得更多实际成果
10. 找借口来延长任务期限	10. 拒绝找借口，只有在不可避免的突发情况出现时才要求延缓	10. 直接处理冒出来的各种提供延期借口的情况	10. 没有借口可找

布拉德在上班时间不再玩红心大战了，同时，他改变了他对拖延的想法，采用了几种可测量的改变来对付他一触即发的自动拖延。作为他纠正过程的副产品，他也改变了结果。

表 6-7 则为您提供了一个认知行为矫正单来对付拖延。

对行为的跟进——自主学习

公司中也存在学习机会，但是正式的受教育机会可能会越来越少，但这并不能磨灭在技艺上、职业发展和工作上跟上进度的重要性。其实，今天比以往任何时候都更需要主动掌控自己的学习。而当学习被拖延打断时，想想这一切是怎么发生的并采取矫正行动便是明智之举。

学习是一个非常复杂的领域。它其实就是你如何在不同的学习环境下，或者面对可能影响结果的复杂情境中如何管理自我。让我们来看看当要开始学习时，以下自主学习方法如何改进你的工作。

自主学习是一种组织化的学习方法。你有一个明确的学习使命，以及具体的目标。你会思考自己的思维模式（即元认知的方法）。你需要弄明白如何达到目标、执行计划步骤，如何评估结果，以及将其修正后加入你的知识储备。对学习过程的研究表明，自主学习方法很有效。在处理需要学习和转化新信息才能达到的多重复杂目标时，自主学习方法能带来较高的表现水平和效率。

通过使用自主学习方式，你能够对自己的学习负起责任来。你选择自己的学习目标、内容、时间和你将付出的努力。你决定自己学习的手段，如远程学习、阅读说明书、参加研讨小组、探索和实验、观察他人，等等。自主学习已被证明是一种富有成效的学习方式。

表 6-7　你自己的认知行为矫正单

拖延过程	改变步骤	开始时间	结果

早期学习经历以及厌恶学习

哈佛大学心理学家B. F. 斯金纳把分心，或者注意力不集中、做白日梦，逃学等看作厌恶学习的表现。他认为，学生们逃离和回避行为的背后，往往充斥着恐惧、焦虑以及愤怒等情绪。

你在学习适应你所在文化环境时经历了一个漫长的社会化过程。这个过程对形成有序的社会环境很有必要，然而，它也会对一些人造成伤害，特别是会导致表达厌恶而形成的拖延。

假设你还是一个新生儿，你反复受到严厉的情绪化的语句纠正，比如说“不”。这种喝止性语汇的目的是纠正你的行为。比如你听到“坏”这个词，就是针对你品质的“判断性语汇”。包含此类内化负面词汇的早期经历是否会影响你的认知以及你的学习意愿呢？当然，这由你自己、你的感知，以及你对学习困境的认识所决定。

- 有些判断性的语句可能以责备的形式出现:“不要那样做”“你本该知道的”“你是在马棚里长大的吗?”“你怎么这么蠢?”“你有没有长耳朵?”持续地用判断性语句进行狂轰滥炸可能会影响你在特定学习情境下的反应方式。分心行为可能是你为了避免受到批评不得已而为之。
- 强制性的命令，例如，“你应该这么做”“你应该那么做”也可能来自早年的学习经验。强制性的指令可以导致顺从的行为。然而，由于情境和认知方式的不同，这些压力的内化可能逐渐导致机能失常，即在学习时常常产生分心行为。

- 评判式的语句，如“错”“你不应该”，在某些情况下会导致学习时过分谨慎和胆小。
- 你有时可能会被反问：“你为什么做不到？”这种反问通常是用来贬低和控制你。一个总是想吓唬和控制你的人负责评价你的学习表现，在这样的情境中学习你可能会变得过分谨慎。
- 厌恶也可能表现为“忽略”。假设，你还是一个学生的时候，发现其他学生总能得到表扬和好处，而你并不在这个圈子中。你可能会相信“我是不是有什么问题”，并且就像真的有问题一样来感受和行动。这种消极的观点可能会影响你学习的积极性。

当负面的学习经验、记忆、信念催生了学习上的拖延，你要么选择打破厌恶学习的怪圈，要么就继续在厌恶学习的道路上一去不。

打破厌恶学习的怪圈

因为可能招致强制性批评而自动退缩是自设障碍的行为。此处提供了一个使用自我调节问题来帮你顺利推进的简单行为练习（见表6-8）。

控制和学习相关的条件可以引发学习行为的发生。如果你把自己看作是在控制范围内，学习就显得不那么讨厌了。这里有一些通过帮你掌控关键条件，进行自我调节学习行为的建议。这些技巧也可以用于矫正其他形式的拖延，特别当建立架构能有效完成优先事件的时候。

表 6-8　自我调节问题

问题	回答
1. 当你学习那些在你能力范围内的东西时却退缩了，你给自己的拖延准备了什么理由	1.
2. 当你处于很有挑战性的学习情境的时候，你使用的理由有何不同	2.
3. 你如何向自己解释这种差异	3.
4. 如果你相信只要投入足够时间就可以做得更好，那么是什么阻止你投入时间呢	4.
5. 你如何发展出关于学习的自我效能信念	5.

- 建立正向联系。将学习和愉悦的事情联系起来。如果你喜欢古典音乐，就可以在学习的时候放古典音乐做背景。如果你喜欢烛光浴，你可以一边在烛光环绕中泡澡，一边播放你的音像学习资料。
- 普雷马克原理（1965 年）。普雷马克原理是说：如果在你很好地完成了通常不喜欢的事情之后跟着做一件你很喜欢做的事，你就是在利用你喜欢的行为去强化你不那么喜欢的行为。比如，每学习 30 分钟，你就做一些你平时喜欢做的事情：用 5 分钟看看你最爱的运动队的最新网络视频，伸展一

下，原地跑 5 分钟，和你的宠物玩会儿抛球，看看新闻，打打电话—任何事都行，只要它能对你重拾平时会拖延的重要学习过程的行为构成奖励。

- 内在奖励。你可以给自己内在奖励，比如当自己按时学习了或者表现进步时，对自己说“做得好”。
- 条件性合约。你可以跟自己订立一个合同，约定一旦完成就给自己渴望已久的奖励，譬如，若完成长期计划的部分短期目标，就在你最爱的餐厅饱餐一顿。反之，拖拉了的话就惩罚自己，比如写一封表扬信给你最讨厌的政治家，或者罚自己周末不能去最爱的餐厅吃饭。同时很好地完成已经开始的任务本身就是一个不小的奖励。你也可以从成功地避免受罚中得到奖励（消极强化）。你从成功地完成每个阶段的任务中得到奖励。然而，这种条件性合约的方法是否有效取决于你在执行合约过程中对自己拖延的惩罚力度。

拖延的暴露疗法

暴露疗法是克服恐惧的黄金标准。拖延冲动往往是与脑神经的焦虑和恐惧同步的。这一点仍有待评估。尽管如此，在拖延及焦虑和恐惧之间确实存在心理上的同步联系。拖延、焦虑和恐惧的特征都是逃避和回避行为。

你的拖延的暴露疗法可以设计以下行为。

（1）对自己承诺：可以忍受最初的不适和闪避的冲动，行为上不开小差；

（2）及时着手做一件你拖延了的任务；

（3）带着以下信念接手学习任务：我会顶着压力工作，会得到预想的结果；

（4）将自己暴露于通常会拖延不去面对的压力之中；

（5）向自己证明：并不需要立刻从压力之中解放出来；

（6）坚持以上想法，证明自己可以忍受压力；

（7）使用你更高级的精神资源来指导你的行动。

拖延的暴露疗法并不能一次性解决所有问题。想从此疗法中受益，需要经历许多不同背景下不同形式和程度的拖延。最终，你可以训练自己将任务压力作为一种提示，引发自己投身于有意义的活动，并不断坚持下去。

如果你学会容许（用不着喜欢）与行为相关的压力，你就已经超越了通往高效且优质生活的最大障碍了。

硬磨

心理学家约翰·古迪认为，做不喜欢的事也是学习的一部分。他认为必须认识到培养做恰当的事（不管这件事让人愉悦与否）的习惯的重要性。

如果你想要更大的回报，更少的长期困扰，在任务上慢慢“磨”吧，直到有结果。在工作上消磨时间是辛苦活儿。尽管这并不能保证你得到幸福或者成就感，但是这个过程却能使你取得很多有意义有价值的成就，以及获得充实的生活。

记住，你可以驾驭分心的冲动，只要你能坚持一个有结构的计划，建立及维持朝向积极方向的动力。方法本身很简单，过程却比较艰难。尽管如此，你很可能会减少短期或者长期的麻烦，只要你能用自我调节行为取代分心行为，并且遵循“立即行动”的原则。

终结拖延症！你的计划——

列出三条可以帮助自己有效处理拖延行为的办法。把它们写下来。

1. ______

2. ______

3. ______

你的行动计划是什么？列出三项你最可能促进有意义生活及丰富成果的行动。把它们写下来。

1. ______

2. ______

3. ______

你完成了哪些行动？把它们写下来。

1. ______

2. ______

3. ______

通过实施这些想法和行动计划，你学到了什么？接下来你能够如何利用这些信息？把它们写下来。

1. ______

2. ______

3. ______

第 7 章

在工作场所中应用战拖技术

工作是为了完成某些特定的任务。而与工作有关的拖延（work procrastination）则是拖着不去做全部或者部分你赖以谋生的事情，导致最后只完成了很少一部分任务。

究竟是什么人构成了这个庞大的工作拖延群体？认为自己从事的工作无趣也没有意义的人里面，有相当一部分会设法绕过工作——通过做白日梦、参与职场钩心斗角、在同一处反复、消磨时间或者干脆退出。事实上，几乎每个人在工作中都或多或少有拖沓的情况。这其中不乏认真勤恳之人，有时候，拖延还会引来你不希望得到的注意："查理这是怎么了？他把事情搞砸了！"

时间缩水（time shrinkage）被视做一个无需争辩的事实；很多公司甚至在制订工资标准时考虑了这个因素。将拖延纳入工资调整的依据非常简单，因为实际上不可能避免白日梦、私人电话、迟迟不去开始、进度缓慢等情况发生。如果有企业能够在一定程度上控制这种时间缩水，那就算是很大的收获了。然而，有些因拖延造成的损失却尤为严重：延迟客户回访可能会使企业失去商机；面对一个有理有据的人事调动方案而拖着不去正式通过，事实上一定会对公司造成困扰。

我曾经和很多企业主管谈过拖延，大部分人都挠着头皮，向我诉说那些正困扰他们的拖延问题：副总裁电话不离手，可其实没那么多非说不可的事情；绩效考核迟迟收不上来；有天赋的销售人员天天在外奔波，业绩却和能力远远不相称；在推出新产品的时候束手束脚；无数的功夫都花在自保和推脱责任上面。然而，总有人不相信在他们的企业中存在拖延问题。“这儿（一个3万人的企业）绝对没有什么拖延，如果发现有人拖延，我们一定会炒他的鱿鱼。”真有人相信会有哪家企业是没有拖延的“净土”吗？反正我不信！

一连串的拖延行为会引起相应的连锁反应。道格是摩托车事故损坏评估方面的专家，可他却总是拖着不去将所有材料和报告整理归卷。所以，每天他都得花很多时间埋在零散杂乱的卷堆里，到处寻找他的评估书；米歇尔纵容那些为周一早上迟到找各种各样不是理由的理由的员工，她总觉得我得找到充足的证据；吉米是个出色的木匠，而且他干活儿要价也公道，但是由于他不喜欢做评估和协商价格，所以他错失了很多发财良机。

道格、米歇尔和吉米虽然工作领域不同，但是都是拖延患者。然而，由于他们拖延模式的规律性，这种类型的拖延症患者要摆脱他们那些独特的拖延纠结并不需要一切从头开始，你可以找到现成的已经被证明可以有效剔除拖延的认知、情绪、行为策略，就在这本书中。这些技术正在变得日趋完善。

拖延可能不会突然跳出来，来到你面前。它所造成的损失并不会引起你的注意。你许多同事工作中最大的快乐源泉就是和其他人聊办公室八卦，对别人的错误指指点点。一整天，这样的讨论都会以不同的方式进行，甚至下班后还会继续煲电话粥。与此同时，你就是那个任人使唤的倒霉鬼。想到身挑工作重担，工资却与那些整天聊八卦的人并无二异，你的工作热情就会慢慢减退。你压抑着自己的伟大构想，因为你根本不想引起别人的注意。这种妨害拖延（holdback procrastination）是职业发展的一道屏障。

本章我将审视职场中的拖延问题。我会从为什么工作中的拖延需要更多的努力才能克服谈起，继而转向问责缺失拖延，这种轻微的无声的拖延会引起大范围的扩散。由于拖延是对工作不满意的一种象征，你将会看到如何将你喜爱的工作模式和某种工作结合起来。最后，我将提出 5 个应对拖延的方案。

要对额外的工作有所准备

对付工作拖延需要更多的努力，这意味着额外的工作。然而，这和采取正确的方式增强你的抑制力，减轻你的焦虑感，或者摆脱导致肥胖的饮食习惯没什么不同。请相信，就像暗示自己“要坚强”能摆脱你生活中的焦虑一样，“立即行动”的方案也能帮助你摒除拖延。

倘若你想战胜拖延，聪明的做法是提前启动应对拖延的程序。那些试图在拖延开始发生时才将其制止的念头以及那些兑现不了的承诺只能一遍遍强化拖延的模式。

这里提供的很多方法都适用于控制拖延，以使你变得更有效率。尽管克服拖延需要很大的努力，现实就是如此。如果你身材已经走形，要重新恢复健康体态不是一朝一夕的事情，这也是现实。明确了这一点，我们来继续讨论。

工作拖延是否能成为更大问题的征兆

如果你在工作时持续不断地拖延，这是不是在你的任何地方工作的一贯模式呢？如果是，那么无论你现在在哪里工作，你都可以着手解决你的拖延问题。如果不是，那么拖延预示着你从事了错误的工作，那么这就是你需要注意的一个信号。

莎拉喜欢欣赏饰匾和奖品，那是她以其出色的销售业绩赢得的荣誉。她凡事都讲求尽善尽美，并且结果往往也名至实归。她为自己订立的下一个目标就是成为销售主管。公司又一轮公开竞聘时，她申请了这个职位并最终获得晋升，而这却是梦魇的开始。

主管的工作与莎拉所想的大相径庭。一方面，她能淋漓尽致地施展才干处理一部分事务；另一方面，对于很多事情，她却束手无策。

莎拉深知，给她手下的销售员工提升销售业绩的建议十分重要。然而，她却总是磨磨蹭蹭的，或者压根儿就是逃避着，不去查阅员工报告，设定目标，制订员工培训方案，也不和她的同僚一起同心协力完成业绩目标。和团队成员一起制订一套行之有效的工作计划是她的软肋。同样，办公室政治又给莎拉制造了种种她意想不到的挑战。莎拉的前任销售主管在处理这些问题时游刃有余，使莎拉和其他销售人免于陷入办公室斗争的漩涡。那些生产、市场、财务等各部门的主管都是出了名的仗势欺人，而她对于她和这些人之间的斗争毫无准备。如何让她的销售人员把精力集中在具体问题上，诸如为拓展销售领域提供信息以及完成销售报告，是她面临的最大挑战。

莎拉颇有野心。主管职位意味着地位的提升和更丰厚的报酬。然而，这个新角色对莎拉提出的要求与她之前的预想大不相同。她在各方面都表现出拖延，最终，她没能跳出她为自己掘的大坑。拖延恰恰说明她所从事的工作并不适合她。之后，她又重新回到销售岗位。她重拾原先的行为模式，成为了无可替代的核心员工。因为她回到了她擅长的领域，以她的个人能力提升了销售业绩，所以她重新成为卓越的销售明星，创造了新的辉煌业绩。

艾德是一名出色的州议员参谋长，他的职业经历昭示他选择了一个切实可行的职业方向。他也有着成为一名出色的民选公职人员的气质、兴趣和能力。

最终，这名州议员放弃了竞选连任的计划。为了回报艾德出色的工作，州议员安排他管理一家流浪汉收容所。待到就职，艾德就和当地的政客建立了十分融洽的关系，他喜欢这种交流和情谊。然而，这些却不是他的首要工作。管理是这项工作的关键，而这却是他的弱点。

艾德不喜欢处理工会事务。不久，在人事部门政策和规定的实施上，和工会发生了分歧。他经常不信守与工会谈判达成的协议，需要他出席的仲裁会议也越来越多。

与工会关系的恶化导致了工会成员都拨一下动一下。这导致了工作效率的降低，公交车甚至都不按时运行。出于面子和自我防御的考虑，艾德将消费者对服务质量下滑的投诉屏蔽掉。因为缺乏运营方面的知识，他不得不依靠手下处理日常管理事务。不幸的是，他们中大部分人也都是通过政治关系获得的当前工作，并同样遭受着缺乏管理智慧的痛苦。负面报道屡见报端，对他作为公交运营主管的职业生涯尤为不利。在这一点上，他的政坛伙伴把他变成了替罪羔羊。然而，对于那时的艾德来说，这是最好的事情，他终于又重新回到了政治舞台。

究竟哪一步走错了？他涉足一个远远超过他能力，需要很强运营管理技能的领域。他惹恼了一个强大的工会。他重视当下的行动，却不去学习如何解决问题。他终究还是无法替代那些具备很强的日常事务管理能力的人。他用视而不见的方式躲避顾客对及时服务的需求。这份工作并不适合他，这也就部分地解释了他在所有的主要职责上都拖延的原因。

那么，请记住，终结拖延的第一步就是自我觉察（self-aware）。想想你工作中的拖延习惯及其成因。问问你自己，拖延是不是另一个更严重问题的表现？拖延是不是由你对工作的不满或者其他问题引发的？

战拖小贴士

WORKS计划

一旦（when）：为保证效率，一旦项目开始启动，就要做那些最具挑战性或最关键的部分。

组织（organize）：组织你所拥有的资源，并对行动步骤进行先后排序，以提高效率。

调整（regulate）：调整思路和行动，推进工作计划的实施。

隔离（keep clear of）：隔离一切不必要的分心活动，比如让你拖延的娱乐项目。

围绕（stay with）：紧密围绕你所擅长的领域展开工作，这对解决拖延问题将大有裨益。

反思一下你工作停留的阶段，想一想你意欲前进的方向，为了实现职业目标你还需要做何种努力？这里为你提供了几个引领你开启自我觉察的问题。

- 当前你从事的工作是否正确，你所处的高度是够与你的经验和天资匹配？
- 你有多大的潜能承担更大的责任？这种潜能已经发挥到何种程度？
- 你现在是否需要为横向发展或纵向晋升做自我准备？
- 你的前进道路上还可能存在什么像拖延一样的障碍？

SWLO 分析——发掘产能和拖延热点

你应相信你拥有自己在工作中赖以自我实现的工作资源。其基础是，你必须充分调动你的兴趣和天资而富有成效地工作，你必须竭尽全力使你最擅长的技能得到淋漓尽致的发挥。

优势、劣势、局限、机会自我分析（SWLO）就是一种很好的策略性规划工具，组织往往借助这种工具进行自我评估，从而使各种资源合理配置，物尽其用。你也可以用这种方法，培养有益于自我发展的能力，努力克服拖延。

当厘清了全部的工作资源后，你就能寻求更多的机会利用这些资源实现自我发展。运用 SWLO 系统就可以明确什么对你有用，什么可以避免，就可以提升自己的判断力，清醒地认识到：①你是否踏上了一条正确的职业轨道，②你能否将已有的技能转移到新的工作中，③你是否能发挥才干，卓有成效地达成你的目标。

每个方面，请从最重要的三个条件切入，思考并完成这个 SWLO 自我分析，长长的项目名单必会导致拖延，表 7-1 为你提供了自我分析的范例。

表 7-1　SWLO 自我分析

SWLO 范例	SWLO 自我分析
优势 你的优势是什么？（例如，教育、独特经历、创新能力、一以贯之的坚持行动等。） 你能像别人一样做到甚至能做得更好的事情是什么？（例如，迅速解决机械硬件问题，组织并控制以提高效率，发现新的商机并充分利用眼前的机遇，说服他人，改革创新等。）	优势

（续）

SWLO 范例	SWLO 自我分析
劣势 从哪方面提升自己可以获得最大收益？（例如，写作能力、交际能力、授权能力、坚持到底等。） 哪些方面你最好服从他人指挥？（例如，需要专业技能的活动、政治活动、冲突管理、销售、组织等。）	劣势
局限 你的障碍是什么？（例如，缺少时间，经验不足，资金资源有限，无法获得有效指导，缺乏行政支持，处于变化中的无法掌控的外部条件，精力不济等。）	局限
机会 哪些模式以及形式值得为之付出行动？（例如，他人恰巧在你高效工作的领域拖拖拉拉，因此使你高人一筹；你有创新的潜能；锻炼身体，平衡饮食，以改善注意力、专注力和精力；训练理性分析的能力；寻找解决问题的捷径等。）	机会

通过 SWLO 自我分析认定的劣势就是你极易出现拖延的领域。你必须去应对这些事务，无须考虑它们的类型。然而，如果你表现出了更多你所喜欢的工作状态，和很少令你不满意的工作表现，你的拖延也会有所缓解。此外，你还可以用 SWLO 去做以下事情。

- 通过你所列的项目，认定你的优势和所从事工作之间的关联程度；
- 使你自己明确自己最擅长做什么，为什么最擅长做这些事情；
- 认清并强化那些可以用来缓解拖延的功能价值；
- 在不计拖延的情况下，明晰你的工作职责以提高工作产出。

你应当从事那些可以充分发挥你的优势、将发生拖延的风险降至最低的工作，它们能影响到你的全盘表现。你应当从事那些做起来容易、你真正喜欢并且愿意为之付出努力的工作，这才是使你在工作中时时充满热情、减少拖延、最终收获成功的黄金法则。

五步自我调节程序

每一个最易拖延的事情都有其共性和个性。要想有效地解决每一次拖延，通常都需要采用经受过试验的策略和经过改进创新的策略。运用五步法可以帮助你提高主动性。

至此，你已经看到如何运用心理学方法减少拖延，并且利用不拖延所节省的时间使自己的表现更出色。那么，现在让我们一起看看你可以采用哪些管理策略帮助你自我调整，解决拖延问题，同时防止拖延发生。

在运用“五步自我调节程序”的时候，关键是要辨别出那些本可以让你非常高效，却被拖延热点思维和注意力转移行为所阻碍掉的关键时机。以下是运用基本的调节程序防范拖延，并取得高质结果的思维构架图。五个步骤分别是：①问题分析；②设定目标；③制订行动计划；④执行计划；⑤评估结果。

问题分析

分析就是把问题一点点地拆分并具体化的过程。这是预防拖延的逻辑思维起点。从中得到的分析结果将有利于你将来的行动，从而使你组织和协调自己的行为以跨越拖延的藩篱。然而，这个方法有双重作用，你可以将其视做一个独立的保证效率的方案。

你需要回答以下问题：什么方面、什么时候、为什么、什么情况和怎么样，这些问题能为你提供一个从解析的角度看待拖延过程的方法。

- 你在什么方面最容易拖延？你是不是推迟了维修的活动？你是否在冲突面前退缩了？你是不是已经落后于你工作的最新信息了？你是不是推迟了书面作业的准备工作？

- 你在什么时候最容易拖延？感到压力大的时候，午餐之后，还是你面对一个复杂挑战的时候？

- 问自己"为什么"可以帮助你更好地分析。为什么你在面对相对复杂的情形时更容易拖延？为什么在截止期限临近时你才最容易坚持？为什么你要向自己许诺明天不可能完成的任务？为什么你拖延的时候总会为自己找种种借口？

- 什么情况下，你的拖延最容易被触发？让你转移注意力的活动是什么？你注意力转移后接着做了什么？之后又发生了什么？一般来说，你延迟的时间有多长？从这一系列的自我询问中你有哪些收获？

- “怎么样”这个问题针对的是最终成果。通过阻止拖延干扰你从事高优先级的工作成果的创造，这些问题能将你的知识转化为实际操作技能。如何摆脱拖延思维的控制？如何在情绪上渡过难关？如何使行为有所改变？

分析完成后，想想“然后会怎样？”进行完上述关于拖延的分析后，你还可以问问自己“然后会怎样？”

以对这些问题进行更加深入的思考，以下就描述了这个后续跟踪的过程。

分析对象：拖延着不去学习你工作所需的最新文字处理软件。

理由：你认为学习这个程序令人沮丧，自己并不擅长。

这里有一个如何应用“然后会怎样”流程取得挫败感和畏难心理样本的例子。

- 然后我感到不舒服，没有安全感。
- 然后我想做些别的事情。
- 然后我暗自下决心要尽快学习这个新的软件。
- 然后我又做了些其他的事情。
- 然后我一遍遍自责，告诉自己赶紧开始学习软件，同时深感压力。
- 然后我又发现了另一些可以做的事情。
- 然后我在最后时刻又把自己弄得匆匆忙忙的。
- 然后我的大脑被塞得满满当当，我全部的注意力都聚集在那些麻烦和问题上。
- 然后我再次下定决心，下一次我一定尽早开始，绝不要再承受最后时刻的压力。

这一系列问答能帮助你认识到自己拖延的时候做了什么。它可以提供翔实的信息，使你可以制定一套常规的“战拖”策略。

设定目标

通过“五步自我调节程序”，可以使你建立自我觉察和解决困难的意识。这个方法所遵循的一系列步骤恰恰是被很多大型企业反复证明过的成功经验。然而，要想明确方向，首先要明确任务以及完成这个任务所需达成的分目标。

对付拖延是你给自己委派的特殊任务。它为你提供了一个大致的方向。其中一些任务非常宽泛，显得毫无特点并且无所不包。

- 通过追求和实现更高层次的目标获得自我控制能力，为你拨开拖延道路上密布的蛛网。
- 高效地行动，实现目标，尽量减少拖延的影响。
- 持之以恒地开展重要的工作，掌控自己的生活。

对击败拖延来说，制定明确的任务更为关键。有人提出，你为实现目标所付出的行动才是最需要去完成的。因此，他们提出了两步法：①做点什么，②完成点什么。这里有几个更具体的用来克服特定拖延的任务实例。

- 参加公共演讲课，提高表达能力；
- 健康饮食、适当锻炼，改善身体状况；
- 为残障儿童等谋福利，参与社区服务。

确定具体的任务是一个通用的好办法。然而一位曾经和我共事过的人采用其他方法，效果也还不错。俗话说“各有所好”嘛。

你的战拖任务是什么？请写在下列表格内。

1. 制定具体的目标

目标和使命有什么不同呢？减肥 30 磅是一个目标，平衡饮食，改进健康状况就是一个使命；通过考试是一个目标，丰富知识、增长学识是一个使命；完成一个任务是目标，高效工作、提高产出就是一个使命。

1859 年，美国参议员卡尔·舒茨就描述了一个理想化的目标，他说道：“理想犹如星辰，无法触及。如果你能像汪洋中的水手那样，把它们当作你的向导，跟随它们，你就能到达自己的目的地。”

目标呈现了我们想要实现的东西。设定目标并向其进发是指引你做出有效努力的可靠方法之一。明确的目标通常比那些缥缈的目标，例如“感到快乐”，更有成效。而有意义的、可量化的、可实现的目标要比抽象的东西，比如帮助全世界摆脱饥饿，要更有用。这里有四个制定目标的指导方针。

- 设立与你的使命相符的目标。当目标要求你去经历你渴望的过程时，你会更有激情地去实现它们。
- 制定现实的、有能力实现的或者通过努力可以实现的目标。（可实现的目标比那些你永远无法企及的目标更容易激发你的动力。）
- 掌握目标定向是指，你想在自己感兴趣的领域提升自己的能力。你可以通过战胜新的挑战来提升自己的能力。
- 同时制定绩效目标。这些目标应该是有限的、量化的，例如设计一种高效的给香水瓶加盖的制造工艺。衡量这一成果的标准就是那些可以将你的努力量化的结果。每周多拨打 10 个销售电话就是一个具体的绩效目标，在这一目标的指引下你能做出更好的表现。

既制定掌握目标定向又制定绩效目标与缓解拖延息息相关。在任何一个动态的组织内，你都会有很多个不同的甚至彼此相悖的目标。时间管理员总会告诉你应当首先做那些最紧迫、最重要的事情。这个建议乍一听是很合理的，但是并不一定是最现实的。因为似乎还有一些非线性因素存在。最迫切和最重要的目标恐怕是当初被一拖再拖的事情，直到截止时间迫近，无法再拖了，所以才急着行动。照这么说，你总是把精力调配到那些最急迫的任务上。

在一个静态的世界里，你能更好地预测将来要发生的事情。你清楚地明白第一步该做什么，第二步该做什么，紧接着又该做什么，因此，你会根据所需安排你的时间和精力。但是，我们身处的世界并不是可预测的，行为也不能线性地导致目标实现。

更现实的是这个世界变幻莫测，有的时候，你不得不听从更权威人士的指令，调头朝另外的目标行进。然而，如果你的使命是尽量减少拖延，从而增加成果，那么即使因为外部指令调整了自己的首要任务，也不是什么要紧的事情。你只不过是把应对拖延作为另一项挑战。

2. 创建明确目标

当你将自己的目标拆分成一个个具体可行的小目标时，你就为完成使命增加了筹码。因为划分的阶段越小，任务期限就越短，完成任务的奖励也就越及时。目标本身会建立一个行为的次序。完成上一阶段就为走入下一阶段做好了准备。

如果你总是拖着不去克服在社团里当众说话的紧张心理，那么你的目标就是克服这种紧张感。你可以将这一目标分解成下面五个小目标。

（1）认清那些焦虑却无力的念头，例如“我没法应对”，然后，找寻一些例外的情形来反驳这种强加给自己的言语暗示。

（2）在当地的大学里完成一个公共演讲课程。

（3）设计一个适合展现给社区团体的课题。

（4）在录像机前练习一次成果展示，找出并纠正那些影响展示效果的言谈举止。

（5）在社区团体面前进行成果展示。

你可以对每一个小目标进行评估并实现它们。例如你参加了公共演讲课程，那么你就实现了一个小目标。现在，假如拖延又成了你的拦路虎，你该如何去做呢？

3. 一次设定一个目标

选择对你而言重要但是又常常有拖延阻挠的事情，那么你通常会有更大的动力全力以赴于这场拖延斗争。我将这种方法应用在曾经和我共事的那些拖延顽固分子身上，成效显著。对我咨询专业的研究生们，我也采用了“一次设定一个目标”的方法。

就像那些拖延顽固分子一样，咨询专业的学生们在平时参加一个关于自我成长的重要项目中，总是拖着不去做那些能取得巨大进步的或者本来可以在学期结束前就完成的事情。他们每个人都要向一个固定的人汇报自己的情况，每周还要向我提交进度报告。

小组核心成员和咨询专业学生列举的目标事务说明了挑战的多样性：完成绩效评估、寻找新工作、克服公共讲演时的紧张情绪、改善任务规划、在截止日期前完成任务、戒酒、锻炼身体、减肥、开源节流、撰写开题报告、结束一段相互折磨的感情、迟迟不去处理拖延问题，等等，可以列出一个长长的单子。9 年之后，经过有效的标准测量结果显示，90％以上的人完成了他们的任务。是不是每个人都很容易做到呢？很难！学生们结束训练之后，就会对那些能使自己身上发生变革的重要事情获得更深刻的了解。当他们在帮助那些努力实现个人成长的来访者时，我希望这段经历能够帮助他们更好地与这些来访者产生共情。

为什么一次只能专注于一件自我成长的事情？因为无论是重新开始还是保持一种新的生活方式都需要时间和精力，而改变是个过程，不能一蹴而就。我们的生物性决定了，每当我们需要改变一个习惯，或者感觉到威胁我们生活的时候，我们总会不由自主地抗拒这种改变。无论是运用心理学原理进行自我管理挑战，还是通过自我管理阻止心理方面的干扰，都需要投入时间、资源和精力。

制订行动计划

这是 12 月 31 日的深夜，时针和分针在表盘上一圈圈转动，最终在 12 点这一刻交汇。钟声响起，新年来临。你对自己说，新的一年应该有所改变。你要去做运动，你会以全新的状态投入工作并且拿到年终最佳销售员大奖。你有一张长长的早已经过期的家政清单，一并算在了你的新年计划之中。你给自己开了一张期票，然而它就像其他期票一样，总有过期的一天。

现在，365 天已经过去，旧年已逝，新年伊始。但是，改变的事情却屈指可数。你的销售业绩差强人意，你已然沿着和去年相同的轨迹生活了一整年。你的优柔寡断使你对年终奖的期望化为泡影，只能拍手祝贺它落入别人的囊中。虽然，你办了健身卡，并支付了费用，但是依然没有开始你的健身计划。

1. 起草具体的计划

看看你这三年的新年计划有什么共同点？他们都是由你自己选择决定的。将这些决定付诸实践将很有意义，否则，为什么还要设定详细的自我发展目标？这些决定涉及很多目标，可能也包含一个模糊的计划。然而，如果做出决定，却不清楚如何操作以达到目标，就很容易陷入拖延。

你可能对完成自我发展目标这一想法情有独钟。确实，倘若能富有成效地应对冲突再好不过。你会为自己流下压抑许久的眼泪喜悦不已，减肥听起来也是不错的计划。如果你能好好地安排自己的生活，一切将会易如反掌。然而，由于你才是应该对你的选择与行为负责的人，你总能够找到某种方式放松自己。你也总能为自己找到借口。可能你不是这种拖延的唯一受害者吧？那种常常用于为拖延开脱的借口就像水中承载铅球一样不堪重负。

如果你的期票还是你脑中的构想，尚未兑现，这大概是出于以下原因。

- 无力的承诺；
- 低估了旧有模式对你想构建的新生活的干扰和影响；
- 缺少计划或者计划不充分；

- 没有订立战拖策略；
- 没有为铲除拖延制订相应的计划。

拖延的时候，可能你也转而想去实施那些你信誓旦旦订立的计划，可是，计划太笼统又难以执行。所以，如果你想彻底铲除拖延，最好将认知、行为和情感因素一并考虑进去，制订一个条理分明的战拖计划。

2. 懂得变通

我发现很多人即便在外部环境发生重大改变时，也依然固执地抱着原有计划不放，不懂变通，就如同西方谚语中的旅鼠们冲向死亡悬崖一样义无反顾（宁愿带着花岗岩脑袋见上帝）。

准备工作很重要，而面对意外情况时处理上的灵活性和适应性同样重要。接受不确定性的原则是：当出现意外情况急需处理时，需要“飞速”找到解决方法。

在不确定的情况下，除非你有充分的理由反驳，否则信任你的创造力通常更好一点，尤其是当突发事件接踵而至的时候。另一种方法是装死或像鸵鸟一样把头埋进沙子里，然而，这不会阻止事情的发生。

只要你建立了对高效能过程的控制，拖延模式的可预测性就能扩大你控制整个过程的机会。那么，我们要通过引入竞争性的高效能创造过程来制订解决拖延的计划。

3. 克服拖延的情景模式

对“如果发生了……情况”的担心会催生不必要的焦虑，例如

“如果我失败了呢？”“如果我被拒绝了呢？”这种情景思考反映了你的脆弱感和对控制的无力感，正是它促成了拖延。然而，情景思考也可以是卓有成效的，比如你为自己设定了另外的一个场景，扩展想象，选择最好的方案。在这种富有成效的情景中，你可以专注于有效解决问题的方法——那种建设性、可持续变化的方法。通过情景模式解决问题可以为你的计划提供初步框架。

你正构想建立一个网站，专售古董凯迪拉克汽车的配件，如风扇皮带、火花塞、缸线等。你计划学习如何创建和维护这个网站，与产品制造商洽谈，决定哪些货品可以储存，哪些货品需要直接售出，了解如何在互联网上处理信用卡订单，学习任何你所不知道的事情，等等。

情景一，你收集所需要的信息，包括初步的市场分析，并了解如何为运营融资。你收集的信息表明这是一个低财务风险适度赢利的经营。然后你把拖延元素加入到情景当中，你很有可能拖延。通过分析拖延过程和设计解决方案，你拓展了这一情景。

行为上的拖延如果发生，事先必定会做一些的预备。你做了调查，计划很吸引人。你确定这个项目切实可行，你发现事实很有趣。然而，你对如何处理关于所售产品的互联网和电话咨询感到不安。你不喜欢处理顾客投诉，或是去调查退货到底是因为产品质量问题还是客户使用不当造成的人为损坏。

那些你把自己逼到绝境再开始运作一个项目，却在执行阶段将其搁置的往事历历在目。当你设想执行计划时，你能感觉到那种抵触情绪。根据以往经验，你意识到拖延这个障碍很难跨越。

如果你会习惯性地拖延，那么不要留恋初步分析和计划所带来的喜悦，如果你一开始就放弃这一想法，在时间和资源上的损失会相对较小。与其在启动和中止的情景中浪费能量，还不如把精力投入到你可以完成的项目当中去。

情景二，你像先前那样向自己描述了初步市场分析过程。然而，你制订出了应对预期中的拖延行为的计划。要想克服这个困难，你就要当众宣布将启动这个新事业。你计划举办一个聚会来庆祝，并邀请亲戚、朋友和熟人。你深知当众宣布的意义所在——你一旦做出公开承诺，你就必须去履行。你想克服拖延并应对执行阶段遇到的不确定性。如果大家都支持你做这个事业，在第二种情景下，你就进入了公众承诺阶段。

情景三，除了将第一种情景和第二种情景都考虑进去，还包括雇用员工去处理订单和客服。假设整个计划的实施最后取得了不俗的成绩，并且这个计划在经济上可行的，这就是接下来应该做的事情。

4. 为变化做好准备

有目标无计划就像旅行没有地图。计划是行的第一步。而行动才能让你完成任务，完成任务才能让你达到你设立的目标。计划包括尽早确定启动时间，这样可以减少拖延、提高效率。

计划就是蓝图，引导你穿越现有状态和期望状态之间的鸿沟。然而，计划的想法就像你渴求一碗燕麦粥。但是现实情况往往是早早制订一份承诺计划书而迟迟不肯行动，然后在最后时刻气喘吁吁地赶工，这样就吸引人吗？和我一起工作的朋友中，没有人期待感受最后时刻的压力与狂躁。

计划至少应回答以下四个问题：我现在的进度如何？我前进的目标是什么？为了达成目标，我应该怎么做？有哪些可选择的方法？从汽车购买到复杂的计划评审技术，这些问题都适用。这个管理方法由美国军方为研制导弹核潜艇“北极星计划”而创造的。

你也许不想用计划评审技术来制订健身计划，赢得销售竞赛奖，或完成家庭维修。但你可以用几个关键步骤来达到目标，下面就是计划评审技术的要点。

（1）确定具体任务和里程碑（标出每一阶段的起始日期和完成日期）；

（2）确定活动完成的先后次序，包括哪些任务可以同时进行，哪些依赖于其他任务的完成；

（3）估计每项活动所需时间（预期时间、截止期限前完工的最乐观的结果及最悲观结果）；

（4）确定总共需要的时间（把每一部分所需时间相加得出总时间）；

（5）在项目进展时，及时更新计划评审技术（根据实际时间修改进程来取代预计时间，并根据现有资源对其进行再分配）。

计划评审技术对解决时间和步骤问题十分有用。应用这个模型可以使你保持一个高效的势头，避免最后时刻的慌乱。它又能将复杂的长期项目简单化，并且通过对时间表的控制，使你很好地控制整个项目进程。

5. 采取行动

就像其他有用的计划框架一样，计划评审技术充当了心理衣架，挂上了目的、具体目标和资源等信息。你来决定什么时候怎样应用这些信息采取行动，如制定时间表，使外部人员参与并支持这项活动，并确定他们什么时候能够加入进来。这些预备工作需要时间和智慧的双重投入。然而，如果你身上的拖延已成顽疾，那么在细节问题上花费一些时间反而可以大大节省你的时间和精力，减少可能出现的不必要阻挠。除非你一步步地走下去，否则，计划本身遗漏了什么东西，你无从知晓。倘若你只是凭空等待完美，那么完美可能永远不会来到。

现在，该轮到你制订计划了。下面是一个改进了的计划评审技术计划框架的范例，用以将各项战拖措施付诸实践。

目标：______________________________

表 7-2　你的战拖计划

行为步骤和时间估算（第一步做什么，第二步做什么，等等）	开始日期（每步骤）	完成日期（每步骤）	完成活动的奖励	控制拖延的策略

你能否着力执行第一栏中所计划的执行目标来避免拖延？设定开始时间是否起到积极作用？为每个行为设定一个中期截止时间能否起到积极作用？留意拖延并且针对它制订计划是否产生了积极的效果？在执行计划的过程中，这些问题都将一一得到解答。

执行计划

执行是显而易见的，就是按照你的计划蓝图去行动。在“五步自我调节程序”中，这个阶段是你对哪些计划奏效、哪些无效以及哪些在视具体情况调整后存在实施的可能性做出评估的阶段。你得到的回报就是，你会达成你想要完成的目标。

执行计划时需要怀抱着强烈的动机。而这种动机从何而来呢？是来自你学着去设定、执行并最终实现目标的过程吗？这些成就动机与火石取火或者为了过冬储存粮食有何不同？这种动机何时开始呢？

一种普遍的拖延陷阱就是要等到有了强烈渴望才开始行动。在临近截止日期时，赶任务的疯狂行为一触即发。事实上这种行为模式就将计划开始的时间置于未来的不确定之中。

当你接受挑战，完成一件对你而言极其重要的事情时，便会与你的宿敌拖延不期而遇。你可能认为自己将妥协，抗拒着不去走上“立即行动”这条道路，但是，只要你自觉自愿地接受了最初的不适，就可以帮助你向着未来不断耕耘，对抗各种强大的阻力，直到它们消失，从而实现你的长远目标。作为启动阶段的一部分，预测并接受不适是获得更高自我效能的起点。这一步骤同样有助于训练哺乳动物（例如马）的大脑，使其意识到不适不等于危险。

在等待和行动之间如何搭建一座桥梁，填补其间的鸿沟呢？当你开启一个工作的程序，阻力随之产生，这个时候，请会回头看看你的 SWLO 分析表和职业生涯规划表，想想你究竟该做什么才能抵制自己的情绪阻力，从而使行动与你的规划相匹配。它们是不是灵活多变、富有创意、随机应变的？在你需要的时候，你能不能调动起你的理智、常识以及从他人有见地的建议中得到启发？在有意识地从拖延思维和抗拒任务的情绪中转移到利用全部能帮助你的资源上，那么你就能打破这一切，战胜拖延，实现既定目标。

事实上，要想找到一个快捷简单的方法来帮你摆脱拖延困境，几乎是不可能的，一个人做出有意义的改变就像趟过过膝的沼泽一样艰难。但如果你不设法走出沼泽，你就很可能深陷泥潭。如果你能踏着连自己都惊异的步伐飞速前进，那就再好不过了。

评估结果

我们人为地将评估过程从执行中分离出来，这样就使“五步自我调节程序”成了一个相互作用、有机组合的完整过程。

在执行过程中的各个不同阶段和时间点，使命、目标、计划和评估形成一种强大的对流效应，其中各种关键因素聚合到了一起。

你过去的经验已经证明，你可以高效地工作，所以你要继续按照这个系统的安排进行下去。当你运用智慧尝试走另外一条道路的情形明朗之时，就是改变发生在你身上的时候。在你的部分计划无法继续进行，或者执行它成本太高而不得不中止的时候，就是改变发生的时刻。

1. 作为反馈和指南的评估

评估是一种自我反馈的形式，它为你对自己的改变提供指引，并成为你向着目标进发而自我调整的依据。以下提供了几个自我反馈的问题：

（1）我能承担启动并坚持到底的责任吗？

（2）按照明确使命、设定目标、制订计划、执行策略这些步骤进行，我已经达成了多少？

（3）我学到的哪些东西可以帮我进一步战胜拖延？

（4）我如何运用这些知识？

巩固你的“五步自我调节程序”

表 7-3 就将需要分析的拖延情境（使命和目标）、设定目标、制订行动计划、执行计划、评估结果等进行了汇总分析。在这个“五步自我调节程序”一览表中，你可以清楚地看到自己在各个方面都做了怎样的行动，然后你就能意识到在这个过程中你究竟学到了什么。

表 7-3　五步自我调节程序

五步自我调节程序	行动中的收获
分析一个拖延情境	
设定目标	
制订行动计划	
执行计划	
评估结果	

终结拖延症！你的计划——

很少有职业生涯和工作是完美的。但是，既然你生命中绝大部分时间都花在工作上，那么为什么你不能以一种理性的状态完成你本来能够胜任的工作？通过调节行为来摒除拖延，作为其副产品，你实现得越多，遗憾就越少。你在写个人总结时会发现有越来越多积极的事迹可以写入报告中。用你战拖的核心理念和行动计划来记录你的成长经历，将你的个人总结做得更充实具体。

哪三种行之有效的理念帮助你摆脱了拖延的思维模式？请将它们记录下来。

1.

2.

3.

你的行动计划是什么？哪三种最有效的行动使你能够战胜逆境，并使自己进入积极的思维领域？请将它们记录下来。

1.

2.

3.

哪些事情使得这些行动得以实施？请将它们记录下来。

1.

2.

3.

在运用这些理念执行行动计划的过程中你学到了哪些东西？你如何在下一次战拖的时候运用这些经验？请将它们记录下来。

1.

2.

3.

治疗拖延脚本样例一则

泰德 40 岁，已婚，有两个十一二岁的女儿。他是一家小型制造公司的销售经理。公司的氛围团结而融洽。他带来的问题是他对绩效评价任务的拖延。

去年，泰德在绩效评价任务上落后了 3 个月。前两年都是他的经理替他完成了评价并和销售部的员工逐一回顾结果。今年不一样了，泰德要么完成评价，要么丢掉工作。他的经理给他延长了 6 周时间去完成，并建议他与克服拖延方面的专家合作。泰德和他的经理都通过电话和我商讨了这个问题的严重性。

除了绩效评价之外，泰德对他工作的各个方面都很满意。他的妻子和女儿们喜欢她们现在的家和邻居，她们更希望泰德能够继续现有的工作，对搬到别的地方住并不是很感兴趣。然而，尽管泰德已经多次向自己和他人保证要着手进行评价，但他还是没有开始。当他想到要开始时，他感觉面前困难重重。泰德急切地希望在绩效评价的拖延问题上得到帮助。

以下的交流内容经编辑隐去了（患者的）个人信息和诊断记

录，改变了个人身份信息并提高了可读性。它分为两个部分：①治疗过程中的交流；②对认知行为治疗（CBT）过程的解释。之后，是泰德采取的额外措施及其结果的一个概括。

治疗过程中的交流	对治疗过程的解释
威廉：泰德，跟我讲讲关于绩效评论的事情	获得患者对自身拖延问题的看法
泰德：Dextron（并非该公司真名）让我焦头烂额。我忙得没有时间去做评论。再说，谁都知道评论是废话，它们只会浪费时间。我能做好销售，我的员工也能，那才是关键。但我又想要保住我的工作。我不敢相信我把它拖了这么久	
威廉：这不奇怪。拖延是一个无意识的习惯，它可以一直持续，就像有自己的生命一样。它在人们要对付的所有不良习惯中算是比较具有挑战性的。实际上，每个人都至少在生活中的一个方面受到这个习惯的困扰，并且很困惑为什么他们就不能开始做一件事情并将其结束。有时候变化会导致拖延的产生，因为对一些人来说，调整适应是很艰难的事情。就你的情况而言，这一变化就是绩效评价系统的引入	提供关于拖延的教育信息。 消除（患者对）拖延的羞耻和负罪感 从事实方面来讨论拖延。 强调拖延是个很难根除的习惯这一事实
泰德：听你这么说我一下子释然很多。我原以为这只是我一个人的问题	
威廉：看看我们能否弄清这是怎么一回事。那就从你的观点开始，你认为绩效评价是浪费时间	开始“解决问题”这一过程
泰德：是的，它们很浪费时间。我有更好的事情要做，我不应该做这些事	进一步澄清问题。了解对方对其任务的看法。记录下患者“我不应该做这些事”的观念，以备在更合适的时机在澄清问题或解决问题时使用
威廉：绩效评价工作都需要你做些什么	

（续）

治疗过程中的交流	对治疗过程的解释
泰德：我要填满一个评定量表并写出总体的评价	
威廉：完成一个评价平均需要多长时间	获得关于时间投入的信息
泰德：需要半个钟头来写，另外半个钟头给出结果	
威廉：那么评价完你全部的 5 个销售人员和你的助手，20 个小时够吗？这其中包括了整合信息和重新制定日程表	
泰德：我应该不需要那么长时间就可以完成了	
威廉：就是说，相对于绩效评价这项任务本身的问题来说，它所占去的时间并不成问题。绩效评价是不是每个经理任务的一部分	澄清泰德“我应该不需要那么多时间”的理解很有必要。需要一个合适的时机以及合适的进度。所以我继续这个话题以免跑题。我将会在后面处理泰德关于“应该”这个词的理解
泰德：每个人都要做	
威廉：据我了解，绩效评价在你们公司已经存在有几个年头了。你怎么看待它们的用处	
泰德：我觉得我们采用它有这么几个理由。过去我们没有客观的绩效标准，我们希望记录员工的表现。公司的法律顾问建议我们采取措施使纪律处分、津贴和晋升都有据可循。她说我们的公司已经很大，需要想办法保证评估和工作相关，并基于可测量的合理标准。如果员工不同意裁断，他们应该拥有申诉的途径。这些评价为绩效改进计划提供了基础。我觉得它们还是有点用的，但我仍然不喜欢做	
威廉：听起来你对它们存在的价值非常清楚。我同意，你不需要喜欢工作的每一个部分	

（续）

治疗过程中的交流	对治疗过程的解释
泰德：瞧，我们的讨论有了进展。你已经同意我不用非得喜欢它们	
威廉：对，但是不做的话你的工作就有危险	
泰德：我知道。我不得不完成它们，但我不应该非得浪费我的时间去做它们	
威廉："应该"这个词有很多意思。其中一种表示提醒，比如我应该记得去买一条面包；另一种是专横的或强制性的，如果你认为这些评价是额外强加给你的，它们是浪费时间，你没有义务去做，你就可能认为它们夺走了你做喜欢的事情的时间，憎恨并抵制它们；还有一种态度是，你应该尽力把自己分内的事情做到完美以树立自己的品牌。所以，关键不是这个单词本身，而是它的语境和含义 如果你把"应该"作为一个提醒词来用，相对于用它来表示你必须做绩效评价，你的感觉可能会是不一样的。这三个和"应该"相关的态度中，有任何和你相符的吗	对方重复了"他'不应该'做这件事，整件事都是浪费时间"的想法。探索这个问题的时机似乎更加成熟了。澄清潜在的关键词"应该"的不同含义，据此来判断它是表示"意愿"还是"前提条件"。"浪费时间"这一想法可以稍后再探索
泰德：（长时间的停顿）你这么说很有意思。我觉得这是双向的。我憎恨做绩效评价。但是我认为，如果我不得不做，我就要把它们做得对我的员工来说非常有意义。我希望它们可以起到作用。我希望我的员工对如何成为超级销售人员产生新的见解	
威廉：那么当你觉得你必须使你的绩效评价有意义的时候，你进一步又想到什么	澄清性的问题，试着在对工作的期望和潜在的情绪后果之间建立联系
泰德：我觉得他们会很失望的	
威廉：为什么	这个问题邀请泰德拓展原来的答案，并让我能更好地了解他的看法

（续）

治疗过程中的交流	对治疗过程的解释
泰德：（停顿）我没法做得足够好，我会受到批评的	
威廉：当你那么想的时候你什么感觉	检查想法和情绪之间的联系
泰德：紧张、压抑、痛苦	
威廉：听起来你对自己的要求很高	从已知的信息推断出该结论
泰德：我总是对自己有很高的要求。我母亲曾经管我叫"完美先生"	
威廉：当你想到绩效评价并且预想你自己落到标准之下的时候，你怎么看待自己	检查是否有潜在的自我意识问题
泰德：（停顿）就像一个失败者	
威廉：完美主义的思维方式是，如果你觉得该做好的事做得不够好，那你就是失败的，其他人会瞧不起你。当你那么想的时候，你是否因为可能表现不佳而感到焦虑	提出关于完美主义思维及其与工作焦虑之间联系的问题
泰德：大概就是这样子的	
威廉：那么，你要么是个成功者，要么是个失败者，这中间可能其他的情况吗	在二元思维上进行拓展，展示可能的其他情况
泰德：（笑）一个部分失败者	
威廉：相对于跟两个极端较真，笑对中间状态更好一点。但你也可以认为自己正面临着冲破拖延障碍的挑战，应对挑战变成了问题所在。这能让你不必给自己做性格归纳，并帮你集中精力解决问题。对了，除了"泰德的法则"以外，有没有一种普遍法则要求你做到完美	（对前面谈话的）总结，继续探究完美主义
泰德：没有，我没这么想过。我能对"泰德的法则"提出申诉并改变它吗	
威廉：嘿，你是阐释这个法则的审判官，任何时候你都能改变它。你觉得你是不是为了避免失败才推迟绩效评价的	呈现完美主义思维、对失败的恐惧和拖延三者之间的联系
泰德：开始听起来是那么回事儿了	

（续）

治疗过程中的交流	对治疗过程的解释
威廉：你是否也担心自己的评价遭到质疑	提出完美主义者还可能因为他人的不赞成和挑战而感到焦虑
泰德：我很担心	
威廉：如果你的员工中有人对你的评价提出申诉，这意味着什么呢	探究工作能力和个人价值间可能的联系
泰德：他们会觉得我是个笨蛋，我会失去尊重	
威廉：那你会怎么看你自己	回到核心的自我意识问题：泰德是如何看待他自己的
泰德：觉得自己是个失败者	
威廉：如果你不会读心术，你不会知道别人是怎么想的。就即使你是对的，一些人觉得你是笨蛋，那真会使你变成一个笨蛋吗？我是说，如果有人叫你绿色的蚱蜢，你会开始吃草吗	通过提出另一个看问题的角度来消除泰德看待自己价值时过于泛化的倾向
泰德：（笑）我的绰号比绿色的蚱蜢还要难听。我猜你的意思是我太夸大其词了，而就算我猜对了人们的想法，我也是把它们看得太重了	
威廉：泰德，我觉得关于言过其实你是对的。你可以影响但无法控制别人的想法。你也许不会特地去让别人对你产生负面的想法，但你不能赢得所有人的心。那么，另外那些有时评价遭到申诉的经理又如何呢？他们是失败者吗	澄清问题以提出另一种视角
泰德：不，我朋友约翰在这一轮中遇到了两件申诉，那两个人抱怨连天，约翰报告说他们抱怨太多了。于是他们抱怨约翰的评估中的这一部分，而这实际上证明了约翰的观点。他不是一个失败者，他是我认识的最率直和最公正的人之一	明确泰德观念中也有并不认为被批评等于失败者的例外

（续）

治疗过程中的交流	对治疗过程的解释
威廉：如果约翰受到质疑之后仍是公平的，那么你受到质疑之后又怎么会变成失败者呢	通过不协调干预来重构问题：这个差异说明了什么
泰德：（长时间的停顿）我从来没有这么想过	
威廉：为什么	测试泰德对该问题的理解
泰德：我很难接受自己不完美。然而我又觉得如果别人不能总能保证百分之百正确，那也是正常的、可以接受的。也许我应该重新考虑我的立场	
威廉：如何重新考虑你的立场的确重要。如果你试着接受自己是一个可以犯错的人，正尽力做得更好，那么你可能将拖延视作一个你可以消除的干扰因素。你将会有足够的机会去练习。绩效评价将能继续做下去。但如果你不想去做，而它又是你职责的一部分，你还有些什么选择呢	把“改变”解释为一种过程、鼓励以及确定对方对不同选择的理解
泰德：一个是找一份不需要我做绩效评价的工作，另一个是请求降职然后让别人去做。我可以学着不再拖延我的绩效评价，我更希望保住我的工作，它的很多方面我都很喜欢	
威廉：你回答得很快。你似乎仔细考虑过自己的选择	
泰德：当然。但是好的选择只有一个：把它们完成，并避免将来再次陷入麻烦	
威廉：好，那么你的目标就是保住现有的工作，而它的起点是完成绩效评价，并且避免此类问题再次出现	有力地巩固泰德的理性目标
泰德：那是我最好的选择	

（续）

治疗过程中的交流	对治疗过程的解释
威廉：除了可以引发拖延的“应该思维”和对失败的害怕心理，凡是能激发不安的任何认知都会引起拖延。拖延也可能是一个独立的不良习惯，需要额外的努力去克服。我们来看看你的拖延是怎么回事。当你看到你的绩效评价快到期的时候你怎么想的	总结，并且继续提供关于拖延的教育信息
泰德：我不觉得我想看到这种情况	
威廉：然后呢	引发泰德深入思考他拖延时的行动过程
泰德：我干一些别的事情	
威廉：例如	明确的例子比试探性的阐释更有利于讨论
泰德：什么都干。我开始填写旧的销售报告；打电话给我的妻子谈论孩子的事情；打一些多方会谈的销售电话；查看股市信息；和其他的部门经理会面；有时候我锁起办公室的门打个盹儿；我幻想购买一个公司并让别人去做绩效评价	
威廉：听起来你已经搞清楚拖延问题的这一部分了	
泰德：是的，我在这次会面前浏览了你关于拖延的书。关于转移注意力的那一部分吸引了我的注意。我对自己说，天哪，我就是那么做的。我觉得我知道自己在拖延。这简直就像我做这些事情的时候根本没有意识到我在做什么。这很难说清楚。当我做这些事的时候我知道自己分心了，但我似乎无法阻止我自己	他在会面之前特地搜集了拖延的信息，对今天的谈话有所准备。这一事实表明他有改变的动力，或者他至少想给治疗师留下好感
威廉：在你分心以前，你是否意识到什么东西	检查干预变量，例如在泰德对绩效评价的自觉和开始分心的活动之间，他在想什么

（续）

治疗过程中的交流	对治疗过程的解释
泰德：（停顿）我的身体紧张起来，并且我觉得对开始非常抵触。有时候我觉得非常累	
威廉：你有没有想到绩效评价	
泰德：有，就像我说的，我开始想，它们不过是废话和浪费时间。我知道我不得不去做它们。只是我宁愿过一会儿再做	治疗过程中有很多选择点。我选择了“过一会儿再做”这一点进行深入讨论，而不是“绩效评论是废话”这一部分。不过，沿着他的这一看法继续探究下去也是可以的
威廉：过了一会儿之后，通常会发生什么	
泰德：我继续推迟它们	
威廉：你会不会想到一些绩效评价的准备工作	
泰德：我需要再研读一些关于如何做好评价的资料，然后才动手	检查是否存在连锁性拖延的思维
威廉：这被称作连锁性拖延的思维。你要完成另一件事之后才动手，比如读更多关于绩效评价的资料。你有没有去读	
泰德：（笑）没有	
威廉：而当你的绩效评价任务到期的时候，你是怎么办的	
泰德：我要求延期。我说我忙于帮助销售人员和顾客。我没有时间了	
威廉：后来怎么样	
泰德：我陷入麻烦。我的绩效评价报告已经拖了六个月。没人相信我了	
威廉：泰德，到目前为止，你从我们谈论中你得到了些什么	阶段性地询问对方对谈话的理解会很有帮助
泰德：绩效评价任务让我感到不安。我没有去开始这项工作，而是做了一些别的事情，弄到无路可退，编造一些我老板不会相信的借口。我觉得我必须停止告诉自己我过一会儿就会动手	泰德显示出他能较好地理解自己在拖延时的行为

（续）

治疗过程中的交流	对治疗过程的解释
威廉：通常，要开始并完成绩效评价，仅仅意识到这个过程是不够的。但是想要完成评价，你必须从某个地方开始。怎么做才能让你开始行动	将泰德的注意力集中到行为任务上
泰德：我会提前一个小时上班并开始写。不完成一个报告我就不回家	
威廉：那是一个新的主意吗	由于这听上去并不像是一个新主意，我决定检查一下过去的结果
泰德：不是，以前我告诉过自己我会那么做	
威廉：效果怎么样	
泰德：没用	
威廉：你可以再试一下那个方法并把今天学到的东西应用进去。与此同时，你可以试着对付你的完美主义，特别是那种“不够完美的绩效评价表明自己是个失败者”的观念。为保持客观，你可以将那个观念和你对约翰的印象做对照。为了替代完美主义的思维，你可以寻找证据来支持这样一种态度：你是一个发展中的个人，而提高做绩效评价的能力需要你投入时间和增加练习	提出如何以新的形式实践旧的方法 继续阐述对个人的评价和工作成绩之间的差异
泰德：我喜欢这个我们处于发展的不同阶段的想法。感觉好多了	
威廉：改变拖延的过程并不容易。刚开始，你可以每天在我的电话留言中说明你是怎么解决绩效评价的。你可以说一些你的进步，也可以说你是怎么解决不安、逃避和转移注意力这些心态的。如果你遇到了麻烦，我们可以在电话里讨论	邀请泰德以后在拖延发生时打电话寻求帮助
泰德：很有意思，我先担心浪费时间，之后我浪费时间来担心。我明白完美主义和极端思维的问题了。我将会至少每天做一个评估。如果我开始拖延，我会给你打电话的	泰德自己得出了对于“浪费时间”问题的深刻见解，他为自己设定了行为任务

（续）

治疗过程中的交流	对治疗过程的解释
威廉：你着手做绩效评价后，想想你拖延时会做些什么。通过跟踪记录整个拖延过程，你会让它不那么机械，而且你会有机会去评价和改变它 关键始终在于绩效评价。当你想到它时，你会感到不安或者疲乏。你告诉你自己它是浪费时间，但这只是托词，更深层次的原因在于对不能做到完美，和对被批评的恐惧。听起来你的完美主义才是主要问题。你把你的价值体现在工作成绩上，而你通过逃避这项工作，使得自己避免失败。听起来，绩效评价就像是一种对你的威胁，你转移了注意力以逃避自己真正恐惧的东西。实际上，你需要完成绩效评价才能保住你的工作，完美主义看来是达到这个目标的障碍。你觉得呢	使用合理情绪疗法的 ABC 表格来组织信息，做出总结
泰德：我明白了。我可以理解为什么你说拖延很难对付。我过去只见树木不见森林	
威廉：在我看来，你有机会同时做两件事情。你可以在完成绩效评价的同时处理你的完美主义思维。你可以得到双重好处——摆脱压力的两个来源：拖延和完美主义。在我们讨论的同时，我为你制定了在完成绩效评价的同时改变完美主义思维的路线图。（交给泰德为他量身定制的 ABCDE 框架表。）	指出同时解决共存的问题可以带来双重好处。用泰德的实际情况来解释如何使用 ABC 表格会使其显得和泰德更加直接相关
泰德：（停顿并且看了看资料）好的，我喜欢一箭双雕的主意	
威廉：我们今天的治疗就快要结束了。你还有什么问题吗	
泰德：没有了。我有很多问题要想，还有绩效评价要做。下周老时间	
威廉：到时候见	

跟进及总体评述

当你面对有拖延问题的来访者时，你会发现以上的治疗过程为你提供了一些具体有用的素材。这一案例独具一格地展示了如何区分并处理拖延及与其并存的状况。但正如你所猜想，要越过拖延的障碍，泰德还有大量的工作要做。

拖延的构成因素

泰德完成了绩效评价之后会怎样？对一些人来说，完成一项被推迟的任务意味着事情少了一件。对泰德来说，完成评价还意味着额外的问题。

泰德还有一种评价焦虑。他害怕员工会对他的评价有负面反应。由于不想出差错，并且强烈渴望受到喜爱，泰德很不愿意和员工讨论绩效评价的问题，这促成了他的拖延。

通过推迟上交绩效评价报告，泰德就避免了告诉员工他认为并不中听的结果。他也害怕无法完成自己幻想的目标：把他的评价做得极其有意义，以至于他会受到高度的赞扬。所以泰德的拖延有一部分和焦虑预期有关。

泰德所害怕的绩效讨论是一个时间层面的问题。泰德有时间准备，但是他的准备是为了逃避而不是克服。他在准备时有完美主义的幻想。然后因为怀疑自己无法达到完美的水平，而推迟追寻他的完美标准。如果行动的结果不一定完美，不可能完美，拖延就是意料中的事了。

根据简约原则，对复杂问题而言更简单的答案往往是更可取的。一个简单的解释是，泰德在预想做绩效评价时感到不安，为避免这一不安，他转而去处理一些不那么急迫的事情。无论如何，在现实中你总会找到很多构成问题过程的复杂因素，将它们集合起来并着手解决，可能是走出混乱的心理丛林的最直接途径。

继续治疗的过程

泰德对绩效评价的认识是，缺乏安全感、完美主义和拖延的结合体，其中各个因素会加剧彼此。泰德的目标是不再因为拖延而陷入麻烦，并保住他的工作。他的“立即行动”解决方案是从认知、情绪和行为三个方面对付拖延和完美主义。作为副产品，他期望自己能够更好地容忍对绩效评价的不安。

泰德将他复杂的拖延习惯分解成了三个挑战：①设法对付完美主义倾向以及将自己的价值建立在他人认可上的倾向，②克服当遇到令他焦虑的任务时分心的倾向，③从行为上拒绝分心以达成业绩目标。

1. 应对第一个挑战

泰德似乎很喜欢解决自相矛盾：①虽然约翰没有得到百分百的认可，他仍然觉得约翰很不错，那么他又为什么对自己区别对待呢？②他探讨了为什么他可以接受无法将所有的销售努力百分之百地转化成销售额，却认为他应该用完美的绩效评价来取悦所有的销售员工。对这两个潜在矛盾的检视展现了从浑然不觉的完美主义视角到一个自我观察的更加清晰的视角转变。

泰德非常清楚为什么无法在销售中做到百分之百的完美。他的潜在顾客可能已经和另一个销售代表建立了关系并希望能够保持下去；他的竞争对手也许能够给顾客提供一个他无法给予的优惠价格；他可能因为和购买商之间存在着个性差异而没能建立起很好的人际关系；有时候他也许永不知道是什么原因。建立这种关联使泰德能够将生活中的一部分经验类推到其他相似的领域。

2. 应对第二个挑战

泰德开始检视绩效评价的材料，并允许他自己去感受那种通常导致他拖延的紧张感。他使自己去忍受这种紧张感，直到打消那种熟悉的退缩念头为止。这是攻克拖延障碍的情绪方法。

泰德使用了两种锻炼情感耐性的技巧：①寻找思考和感觉之间的联系。他告诉自己他做不到（和他的销售人员讨论评价结果）。他听到自己说："我会显得像一个傻瓜。"他注意到他的焦虑程度随着这些想法的出现而猛增，使他强烈地希望能够逃离这种紧张感。②选择在焦虑中坚持下去而非退缩。他同时也重新认识了他默认的关于拖延的自我判定。他发现，仅因为它们是无意识的并且与情感相联系，并不就能证明它们是真实的。

在他默认的消极思维和他的不安之间建立联系证明是很有好处的。他报告说他的紧张耐受能力练习是三个部分中最重要的。通过接受紧张情绪，他变得不再那么紧张了。

3. 应对第三个挑战

泰德明白，想要永久地克服对绩效评价的拖延，越过思维和情绪的障碍很重要。但第三个挑战要求他开始亲自动手撰写评价。这个机械地去做的阶段不需要等到应对完前两个挑战之后。他可以同时做这三件事。

通过实用的新信息，泰德解决了他害怕和销售部员工回顾绩效评价的问题。在演练时，他由积极的评论做起，再逐渐引入另外几个有待改进的领域。泰德更适应这个结构，于是将其应用到实践中。

通过采取认知、情绪和行为方面的措施，泰德中断了他的拖延过程，重塑了他的观念，并改变了结果。泰德完成了绩效评价，并和他的员工会面。从他的报告中可知，他的绩效评价得到了他人好评。

泰德在很大程度上（但不是完全）放弃了每一个绩效评价都必须是有意义和完美的这一观念。但不管怎样，下一次泰德的绩效评价到期之前他已先完成了任务。

并不是所有的情况都能带来相对永久和积极的结果。然而，通过集中解决一个顽固的拖延问题，泰德学到了一些可以举一反三的技巧。泛化，就是重复地将从一种情境下学到的过程直接或经改变之后应用到另外的情境下。再次利用已学会的技巧，尽管这样的机会很多，但要发现这是另一例类似的拖延可能不那么容易。

当骑手通过有意地运用战拖措施而获取经验，他就可能对自己的指挥过分自信。骑手可能经常做出 Y 决定，但是马却驻足不前。指挥无效是很有可能的。尽管如此，只要采取了行动，就有可能再次获得动力。而马有时也很有趣，正如古话所说：“只工作不玩耍，聪明的孩子也变傻。”

参考文献

引 言

Bandura, Albert. *Self-Efficacy: The Exercise of Control*. New York: Freeman, 1997.

Becket, S. *Waiting for Godot: Tragicomedy in 2 Acts*. New York: Grove Press, 1997.

Butler, A. C., J. E. Chapman, E. M. Forman, and A. T. Beck. "The Empirical Status of Cognitive-Behavioral Therapy: A Review of Meta-analyses." *Clinical Psychology Review* 26, no. 1 (2006): 17–31.

Ellis, A., and W. Knaus. *Overcoming Procrastination*. New York: New American Library, 1979.

Frost, R. "The Road Not Taken." *Mountain Interval*. New York: Henry Holt, 1916, p. 9.

Gilbert, D. *Stumbling on Happiness*. New York: Knopf, 2006.

Hayasji, J. "The Relationship Between Cognitive Content and Emotions Following Dilatory Behavior: Considering the Level of Trait Procrastination." *Japanese Journal of Psychology* 79(6) 2009: 514–521.

Henrich, J. B, R. Boyd, S. Bowles, et al. "'Economic Man' in Cross-Cultural Perspective: Behavioral Experiments in 15 Small-Scale Societies." *Behavioral and Brain Sciences* 28, no. 6 (2005): 795–855.

Klassen, R. M., L. L. Krawchuk, and S. Rajani. "Academic Procrastination of Undergraduates: Low Self-Efficacy to Self-Regulate Predicts Higher Levels of Procrastination." *Contemporary Educational Psychology* 33, no. 4 (2008): 915–931.

Knaus, W. "The Parameters of Procrastination." In *Cognition and Emotional Disorders*, R. Grieger and I. Grieger. New York: Human Sciences Press, 1981, pp 174-196.

Redding, R. E., J. D. Herbert, E. M. Forman, and B. A. Gaudiano. "Self-Help or Self-Hurt? Guidelines for Recommending Good Self-Help Books to Patients and the General Public." *Clinician's Research Digest* 27, no. 1 (2009); extracted from Redding, R. E., J. D. Herbert, E. M. Forman, and B. A. Gaudiano. "Popular Self-Help Books for Anxiety, Depression, and Trauma: How Scientifically Grounded and Useful Are They?" *Professional Psychology: Research and Practice* 39(5) (2008): 537–545.

Sirois, F. M. "'I'll Look After My Health Later': A Replication and Extension of the Procrastination Health Model with Community Dwelling Adults." *Personality and Individual Differences* 43, no. 1 (2007): 15–26.

Steel, P. "The Nature of Procrastination: A Meta-Analytic and Theoretical Review of Quintessential Self-Regulatory Failure." *Psychological Bulletin* 133, no. 1 (2007): 65–94.

Straus, J. N. *Stravinsky's Late Music*. Cambridge, U.K.: Cambridge University Press, 2004, p. 44.

Tice, D. M., and R. F. Baumeister. "Longitudinal Study of Procrastination, Performance, Stress, and Health: The Costs and Benefits of Dawdling." *Psychological Science* 8, no. 6 (1997): 454–458.

第 1 章

Allport, G. *Personality: A Psychological Interpretation*. New York: Holt, Rinehart, & Winston, 1937.

Carpenter, R. H. S. "A Neural Mechanism That Randomizes Behavior." *Journal of Consciousness Studies* 6, no. 1 (1999): 13–22.

Darwin, C. *Expression of the Emotions in Man and Animals*. London: John Murray, Albemarle Street, 1872.

Korzybski, A. *Science and Sanity*. New York: The Science Press, 1933.

Liu, Z., B. J. Richmond,, E. A. Murray, R. C. Saunders, et al. "DNA Targeting of Rhinal Cortex D2 Receptor Protein Reversibly Blocks Learning of Cues That Predict Reward." *Proceedings of the National Academy of Sciences* 101, no. 33 (2004): 12336–12341.

Mazur, J. E. "Preference for Larger, More Delayed Work Requirements." *Journal of the Experimental Analysis of Behavior* 65, no. 1 (1996): 159–171.

———. "Procrastination by Pigeons with Fixed-Interval Response Requirements." *Journal of the Experimental Analysis of Behavior* 69, no. 2 (1998): 185–197.

McCrea, S. M., N. Liberman, Y. Trope, and S. J. Sherman. "Construal Level and Procrastination." *Psychological Science* 19, no. 12 (2008): 1308–1314.

Payot, J. *The Education of the Will*. New York: Funk & Wagnalls, 1909.

第 2 章

David, D., A. Szentagotai, E. Kallay, and M. Bianca. "A Synopsis of Rational-Emotive Behavior Therapy: Fundamental and Applied Research." *Journal of Rational-Emotive and Cognitive-Behavior Therapy* 23 (2005): 175–221.

Ellis, A. *Ask Albert Ellis: Straight Answers and Sound Advice from America's Best-Known Psychologist*. Atascadero, Calif.: Impact Publishers, 2003.

Epictetus. *The Discourses of Epictetus: The Handbook, Fragments*. Translated by Robin Hard. Rutland, Vt.: Charles E, Tuddle, 1995

The Folly of Procrastination or the Story of Charles and Edward Martin. Philadelphia: American Sunday School Union, 1848.

Jones, E. E., and S. Berglas. "Control of Attributions about the Self through Self-Handicapping Strategies: The Appeal of Alcohol and the Role of Underachievement." *Personality and Social Psychology Bulletin* 4 (1978): 200–206.

Kazantzis, Nikolaos, Frank P. Deane, and Kevin R. Ronan. "Homework Assignments in Cognitive and Behavioral Therapy: A Meta-Analysis." *Clinical Psychology: Science and Practice* 7, no. 2 (2000): 189–202.

Medvec, V. H., S. F. Madey, and T. Gilovich. "When Less Is More: Counterfactual Thinking and Satisfaction among Olympic Medallists." *Journal of Personality and Social Psychology* 69 (1995): 603–610.

Sherman, S. J., and A. R. McConnell. "Dysfunctional Implications of Counterfactual Thinking: When Alternatives to Reality Fail Us." In

What Might Have Been: The Social Psychology of Counterfactual Thinking, edited by Neal J. Roese and James M. Olson, 199–231. Hillsdale, N.J.: Lawrence Erlbaum, 1995.

Sirois, F. M. "Procrastination and Counterfactual Thinking: Avoiding What Might Have Been." *British Journal of Social Psychology* 43 (2004): 269–286.

Wolitzky-Taylor, Kate B., Jonathan D. Horowitz, Mark B. Powers, and Michael J. Telch. "Psychological Approaches in the Treatment of Specific Phobias: A Meta-Analysis." *Clinical Psychology Review* 28, no. 6 (2008): 1021–1037.

第3章

Baas, M., C. K. W. De Dreu, and B. A. Nijstad. "A Meta-analysis of 25 Years of Mood-Creativity Research: Hedonic Tone, Activation, or Regulatory Focus?" *Psychological Bulletin* 134, no. 6 (2008): 779–806.

Freud, S. *The Id and the Ego*. Translated by Joan Riviere. London: Hogarth Press, 1950.

Knaus, W. *The Cognitive Behavioral Workbook for Anxiety*. Oakland, Calif.: New Harbinger, 2008.

———. *How to Get Out of a Rut*. Englewood Cliffs, N.J.: Prentice-Hall, 1982.

von Clausewitz, C. *On War*. Edited by Anatol Rapoport. New York: Penguin, 1968.

第4章

Aspinwall, L., and S. Taylor. "A Stitch in Time: Self-Regulation and Proactive Coping." *Psychological Bulletin* 121 (1998): 417–436.

Beswick, G., E. D. Rothblum, and L. Mann. "Psychological Antecedents of Student Procrastination." *Australian Psychologist* 23, no. 2 (1988): 207–217.

Binnewies, C., S. Sonnentag, and E. J. Mojza. "Feeling Recovered and Thinking about the Good Sides of One's Work." *Journal of Occupational Health Psychology* 14, no. 3 (2009): 243–256.

Blascovich, J. "Challenge and Threat." In *Handbook of Approach and*

Avoidance Motivation, edited by Andrew J. Elliot, 431–445. New York: Psychology Press, 2008.

Cheng, Grand H.-L., and Darius K.-S. Chan. "Who Suffers More from Job Insecurity? A Meta-Analytic Review." *Applied Psychology: An International Review* 57 (2008): 272–303.

Chida, Y., and A. Steptoe. "Cortisol Awakening Response and Psychosocial Factors: A Systematic Review and Meta-Analysis." *Biological Psychology* 80, no. 3 (2009): 265–278.

Flett, G. L., K. R. Blankstein, and T. R. Martin. "Procrastination, Negative Self-Evaluation, and Stress in Depression and Anxiety: A Review and Preliminary Model." In *Procrastination and Task Avoidance: Theory, Research, and Treatment*, edited by J. R. Ferrari, J. L. Johnson, and W. G. McCown, Plenum Series in Social/Clinical Psychology, 137–167. New York: Plenum Press, 1995.

Frankl, V. *Man's Search for Meaning*. Boston: Beacon, 2000.

Glei, D. A., N. Goldman, Y. Chaung, and M. Weinatein. "Do Chronic Stressors Lead to Physiological Disregulation? Testing the Theory of Allostatic Load." *Psychosomatic Medicine* 69 (2007): 769–776.

Greenglass, E. R., and L. Fiksenbaum. "Proactive Coping, Positive Affect, and Well-Being: Testing for Mediation Using Path Analysis." *European Psychologist* 14, no. 1 (2009): 29–39.

Halbesleben, Jonathon R. B., and Wm. Matthew Bowler. "Emotional Exhaustion and Job Performance: The Mediating Role of Motivation." *Journal of Applied Psychology* 92, no. 1 (2007): 93–106.

———, and M. Ronald Buckley. "Burnout in Organizational Life." *Journal of Management* 30, no. 6 (2004): 859–879.

Hammerfald, K., C. Eberle, M. Grau, et al. "Persistent Effects of Cognitive-Behavioral Stress Management on Cortisol Responses to Acute Stress in Healthy Subjects—A Randomized Controlled Trial." *Psychoneuroendocrinology* 31, no. 3 (2006): 333–339.

Jockers-Scherübl, M. C., D. Zubraegel, T. Baer, et al. "Nerve Growth Factor Serum Concentrations Rise after Successful Cognitive-Behavioural Therapy of Generalized Anxiety Disorder." *Progress in Neuro-Psychopharmacology & Biological Psychiatry* 31, no. 1 (2007): 200–204.

Knaus, W. *Change Your Life Now*. New York: John Wiley & Sons, 1994.

Maslach, C. "Burnout: A Multidimensional Perspective." In *Professional Burnout: Recent Developments in Research and Practice*, edited by

W. B. Schaufeli, C. Maslach, and T. Marek. Washington, D.C.: Taylor & Francis, 1993:19-32.

McEwen, B., & E. N. Lasley. "Allostatic Load: When Protection Gives Way to Damage." In Monat, Alan, Richard S. Lazarus, and Gretchen Reevy, eds. *The Praeger Handbook on Stress and Coping*, vol. 1, 99–109. Westport, Conn.: Praeger Publishers, 2007.

McEwen, B. S., and T. Seeman. "Stress and Affect: Applicability of the Concepts of Allostasis and Allostatic Load." In *Handbook of Affective Sciences*, edited by R. J. Davidson, K. R. Scherer, and H. H. Goldsmith, 1117–1137. New York: Oxford University Press, 2003.

Miller, G. E., E. Chen, and E. S. Zhou. "If It Goes Up, Must It Come Down? Chronic Stress and the Hypothalamic-Pituitary-Adrenocortical Axis in Humans." *Psychological Bulletin* 133, no. 1 (2007): 25–45.

Myrtek, M. "Type A Behavior and Hostility as Independent Risk Factors for Coronary Heart Disease." In *Contributions toward Evidence-Based Psychocardiology: A Systematic Review of the Literature*, edited by Jochen Jordan, Benjamin Bardé, and Andreas Michael Zeiher, 159–183. Washington, D.C.: American Psychological Association, 2007.

NIOSH. "Stress at Work." U.S. National Institute for Occupational Safety and Health, DHHS Publication 99-101, 1999.

Phillips, K. M., M. H. Antoni, S. C. Lechner, et al. "Stress Management Intervention Reduces Serum Cortisol and Increases Relaxation during Treatment for Nonmetastatic Breast Cancer." *Psychosomatic Medicine* 70, no. 9 (2008): 1044–1049.

Range, F., L. Horn, Z. Viranyi, and L. Huber. "The Absence of Reward Induces Inequity Aversion in Dogs." *Proceedings of the National Academy of Sciences* 106, no. 1 (2009): 340–345.

Roberts, A. D. L., A. S. Papadopoulos, S. Wessely, et al. "Salivary Cortisol Output Before and After Cognitive Behavioural Therapy for Chronic Fatigue Syndrome." *Journal of Affective Disorders* 115, no. 1–2 (2009): 280–286.

Shea, T. "For Many Employees, the Workplace Is Not a Satisfying Place." *HR Magazine* 28 (2002): 47.

Sohl, S. J., and A. Moyer. "Refining the Conceptualization of a Future-Oriented Self-Regulatory Behavior: Proactive Coping." *Personality and Individual Differences* 47, no. 2 (2009): 139–144.

Stöber, J., and J. Joormann. "Worry, Procrastination, and Perfectionism: Differentiating Amount of Worry, Pathological Worry, Anxiety, and Depression." *Cognitive Therapy and Research* 25, no. 1 (2001): 49–60.

Sverke, Magnus, Johnny Hellgren, and Katharina Näswall. "No Security: A Meta-Analysis and Review of Job Insecurity and Its Consequences." *Journal of Occupational Health Psychology* 7 (2002): 242–264.

van Wolkenten, M., S. F. Brosnan, and F. B. M. de Waal. "Inequity Responses of Monkeys Modified by Effort." *Proceedings of the National Academy of Sciences* 104, no. 47 (2007): 18854–18859.

Yerkes, R. M., and J. D. Dodson. "The Relation of Strength of Stimulus to Rapidity of Habit-Formation." *Journal of Comparative Neurology and Psychology* 18 (1908): 459–482.

第5章

Chiri, L. R., and C. Sica. "Psychological, Physiological and Psychopathological Aspects of the Construct of 'Worry.'" *Giornale Italiano di Psicologia* 34, no 3 (2007): 531–552.

Gilbert, D. T., and P. S. Malone. "The Correspondence Bias." *Psychological Bulletin* 117, no. 1 (1995): 21–38.

Kahneman, D. "A Perspective on Judgment and Choice: Mapping Bounded Rationality." *American Psychologist* 58, no. 9 (2003): 697–720.

Knaus, W. *The Cognitive Behavioral Workbook for Anxiety*. Oakland, Calif.: New Harbinger, 2008.

———, and C. Hendricks. *The Illusion Trap*. New York: World Almanac, 1986.

Spada, M. M., K. Hiou, and A. V. Nikcevic. "Metacognitions, Emotions, and Procrastination." *Journal of Cognitive Psychotherapy* 20, no. 3 (2006): 319–326.

Sun Tzu. *The Art of War*. Lionel Giles, trans.New York: Barnes & Noble Classics, 2003.

Tversky, A., and D. Kahneman. "The Framing of Decisions and the Psychology of Choice." *Science* 211, no. 4481 (1981): 453–458.

von Clausewitz, C. *On War*. New York: Penguin, 1968.

第6章

Aesop. *Aesop's Fables*. Translated by V.S. Vernon Jones. New York: Avenel Books, 1912.

Birdi, K., C. Clegg, M. Patterson, et al. "The Impact of Human Resource and Operational Management Practices on Company Productivity: A Longitudinal Study." *Personnel Psychology* 61, no. 3 (2008): 467–501.

Butler, D. L., and P. H. Winne. "Feedback and Self-Regulated Learning: A Theoretical Synthesis." *Review of Educational Research* 65 (1995): 245–281.

Gallagher, R. P., A. Golin, and K. Kelleher. "The Personal, Career, and Learning Skills Needs of College Students." *Journal of College Student Development* 33, no. 4 (1992): 301–309.

Gordy, J. P. *Lessons in Psychology, Designed Especially for Private Students, and as a Textbook in Secondary Schools*. Columbus, Ohio: Hann & Adair Printers, 1890.

Jones, S. "Instructions, Self-Instructions and Performance." *Quarterly Journal of Experimental Psychology* 20, no. 1 (1968): 74–78.

Kozlowski, S. W. J., and R. P. DeShon. "Enhancing Learning Performance and Adaptability for Complex Tasks." Final Report: U.S. Grant No. F49620-01-1-0283, 2005.

Lonergan, J. M., and K. J. Maher. "The Relationship between Job Characteristics and Workplace Procrastination as Moderated by Locus of Control." *Journal of Social Behavior & Personality* 15 (2000): 213–224.

Malouff, J. M., and C. Murphy. "Effects of Self-Instructions on Sport Performance." *Journal of Sport Behavior* 29, no. 2 (2006): 159–168.

Meichenbaum, D., and J. Goodman. "Training Impulsive Children to Talk to Themselves." *Journal of Abnormal Psychology* 77, no. 2 (1971): 115–126.

Pintrich, P. R., and E. V. De Groot. "Motivational and Self-Regulated Learning Components of Classroom Academic Performance." *Journal of Educational Psychology* 82, no. 1 (1990): 33–40.

Premack, D. "Reinforcement Theory." In *Nebraska Symposium on Motivation*, edited by D. Levine. Lincoln: University of Nebraska Press, 1965.

Shell, D. F., and J. Husman. "Control, Motivation, Affect, and Strategic Self-Regulation in the College Classroom: A Multidimensional

Phenomenon." *Journal of Educational Psychology* 100, no. 2 (2008): 443–459.

Vrugt, A., and F. J. Oort. "Metacognition, Achievement Goals, Study Strategies and Academic Achievement: Pathways to Achievement." *Metacognition and Learning* 3, no. 2 (2008): 123–146.

Wolitzky-Taylor, K. B., J. D. Horowitz, M. B. Powers, and M. J. Telch. "Psychological Approaches in the Treatment of Specific Phobias: A Meta-Analysis." *Clinical Psychology Review* 28, no. 6 (2008): 1021–1037.

第 7 章

Ainslie, G. "Précis of Breakdown of Will." *Behavioral and Brain Sciences* 28, no. 5 (2005): 635–673.

———. "Specious Reward: A Behavioral Theory of Impulsiveness and Impulse Control." *Psychological Bulletin* 82, no. 4 (1975): 463–496.

Birdi, K., C. Clegg, M. Patterson, et al. "The Impact of Human Resource and Operational Management Practices on Company Productivity: A Longitudinal Study." *Personnel Psychology* 61, no. 3 (2008): 467–501.

Bowling, N. A. "Is the Job Satisfaction-Job Performance Relationship Spurious? A Meta-Analytic Examination." *Journal of Vocational Behavior* 71 (2007): 167–185.

Fiske, S. T., and S. E. Taylor. *Social Cognition*, 2nd ed. New York: McGraw-Hill, 1991.

Hochwarter, Wayne A., Mary Dana Laird, and Robyn L. Brouer. "Board Up the Windows: The Interactive Effects of Hurricane-Induced Job Stress and Perceived Resources on Work Outcomes." *Journal of Management* 34 (2008): 263–289.

Höcker, A., M. Engberding, J. Beissner, and F. Rist. "Working Steps Aiming at Punctuality and Realistic Planning." *Verhaltenstherapie* 19, no. 1 (2009): 28–32.

Holland, J. L. "Exploring Careers with a Typology: What We Have Learned and Some New Directions." *American Psychologist* 51 (1996): 397–406.

Howell, A. J., and K. Buro. "Implicit Beliefs, Achievement Goals, and Procrastination: A Mediational Analysis." *Learning and Individual Differences* 19, no. 1 (2009): 151–154.

Judge, T. A., C. J. Thoresen, J. E. Bono, and G. K. Patton. "The Job Satisfaction-Job Performance Relationship: A Qualitative and Quantitative Review." *Psychological Bulletin* 127 (2001): 376–407.

Knaus, W. J. "A Cognitive Perspective on Organizational Change." *Journal of Cognitive Therapy* 6, no. 4 (1992): 278–284.

———. *Take Charge Now: Powerful Techniques for Breaking the Blame Game.* New York: John Wiley & Sons, 2000.

Lonergan, J. M., and K. J. Maher. "The Relationship between Job Characteristics and Workplace Procrastination as Moderated by Locus of Control." *Journal of Social Behavior & Personality* 15 (2000): 213–224.

Ng, T. W. H., K. L. Sorensen, and L. T. Eby. "Locus of Control at Work: A Meta-Analysis." *Journal of Organizational Behavior* 27 (2006): 1057–1087.

O'Donoghue, T., and M. Rabin. "Choice and Procrastination." Institute of Business and Economic Research, Department of Economics, University of California, Berkeley, Paper E00'281, 2000.

Schurz, Carl. Speech. Boston, April 18, 1859.

Tracey, T. J. G., and S. B. Robbins. "The Interest-Major Congruence and College Success Relation: A Longitudinal Study." *Journal of Vocational Behavior* 69 (2006): 64–89.

Tsabari, O., A. Tziner, and E. I. Meir. "Updated Meta-analysis on the Relationship between Congruence and Satisfaction." *Journal of Career Assessment* 13 (2005): 216–232.

习惯与改变

《如何达成目标》

作者：[美] 海蒂·格兰特·霍尔沃森 译者：王正林

社会心理学家海蒂·霍尔沃森又一力作，郝景芳、姬十三、阳志平、彭小六、邻三月、战隼、章鱼读书、远读重洋推荐，精选数百个国际心理学研究案例，手把手教你克服拖延，提升自制力，高效达成目标

《坚毅：培养热情、毅力和设立目标的实用方法》

作者：[美] 卡洛琳·亚当斯·米勒 译者：王正林

你与获得成功之间还差一本《坚毅》；《刻意练习》的伴侣与实操手册；坚毅让你拒绝平庸，勇敢地跨出舒适区，不再犹豫和恐惧

《超效率手册：99个史上更全面的时间管理技巧》

作者：[加] 斯科特·扬 译者：李云

经营着世界访问量巨大的学习类博客

1年学习MIT4年33门课程

继《如何高效学习》之后，作者应万千网友留言要求而创作

超全面效率提升手册

《专注力：化繁为简的惊人力量（原书第2版）》

作者：[美] 于尔根·沃尔夫 译者：朱曼

写给"被催一族"简明的自我管理书！即刻将注意力集中于你重要的目标。生命有限，不要将时间浪费在重复他人的生活上，活出心底真正渴望的人生

《驯服你的脑中野兽：提高专注力的45个超实用技巧》

作者：[日] 铃木祐 译者：孙颖

你正被缺乏专注力、学习工作低效率所困扰吗？其根源在于我们脑中藏着一头好动的"野兽"。45 个实用方法，唤醒你沉睡的专注力，激发400%工作效能

更多>>>

《深度转变：让改变真正发生的7种语言》 作者：[美] 罗伯特·凯根 等 译者：吴瑞林 等

《早起魔法》 作者：[美] 杰夫·桑德斯 译者：雍寅

《如何改变习惯：手把手教你用30天计划法改变95%的习惯》 作者：[加] 斯科特·扬 译者：田岚

逻辑思维

《学会提问（原书第12版）》

作者：[美] 尼尔·布朗 斯图尔特·基利 译者：许蔚翰 吴礼敬

批判性思维入门经典，授人以渔的智慧之书，豆瓣万人评价8.3高分。独立思考的起点，拒绝沦为思想的木偶，拒绝盲从随大流，防骗防杠防偏见。新版随书赠手绘思维导图、70页读书笔记PPT

《批判性思维（原书第12版）》

作者：[美] 布鲁克·诺埃尔·摩尔 理查德·帕克 译者：朱素梅

10天改变你的思考方式！备受优秀大学生欢迎的思维训练教科书，连续12次再版。教你如何正确思考与决策，避开"21种思维谬误"。语言通俗、生动，批判性思维领域经典之作

《批判性思维工具（原书第3版）》

作者：[美] 理查德·保罗 琳达·埃尔德 译者：侯玉波 姜佟琳 等

风靡美国50年的思维方法，批判性思维权威大师之作。耶鲁、牛津、斯坦福等世界名校最重视的人才培养目标，华为、小米、腾讯等创新型企业最看重的能力——批判性思维！有内涵的思维训练书，美国超过300所高校采用！学校教育不会教你的批判性思维方法，打开心智，提早具备未来创新人才的核心竞争力

《说服的艺术》

作者：[美] 杰伊·海因里希斯 译者：闾佳

不论是辩论、演讲、写作、推销、谈判、与他人分享观点，还是更好地从一些似是而非的论点中分辨出真相，你需要学会说服的技能！作家杰伊·海因里希斯认为：很多时候，你和对方在口舌上争执不休，只是为了赢过对方，证明"你对，他错"。但这不叫说服，叫"吵架"。真正的说服，是关乎让人同意的能力以及如何让人心甘情愿地按你的意愿行事

《逻辑思维简易入门（原书第2版）》

作者：[美] 加里·西伊 苏珊娜·努切泰利 译者：廖备水 等

逻辑思维是处理日常生活中难题的能力！简明有趣的逻辑思维入门读物，分析生活中常见的非形式谬误，掌握它，不仅思维更理性，决策更优质，还能识破他人的谎言和诡计

更多>>>

《有毒的逻辑：为何有说服力的话反而不可信》 作者：[美] 罗伯特 J.古拉 译者：邹东

《学会提问（原书第12版·中英文对照学习版）》 作者：[美] 尼尔·布朗 斯图尔特·基利 译者：许蔚翰 吴礼敬

自尊自信

《自尊（原书第4版）》

作者：[美] 马修·麦凯 等 译者：马伊莎

帮助近百万读者重建自尊的心理自助经典，畅销全球30余年，售出80万册，已更新至第4版！

自尊对于一个人的心理生存至关重要。本书提供了一套经证实有效的认知技巧，用于评估、改进和保持你的自尊。帮助你挣脱枷锁，建立持久的自信与自我价值！

《自信的陷阱：如何通过有效行动建立持久自信》

作者：[澳] 路斯·哈里斯 译者：王怡蕊 陆杨

很多人都错误地以为，先有自信的感觉，才能自信地去行动。提升自信的十大原则和一系列开创性的方法，帮你跳出自信的陷阱，自由、勇敢地去行动。

《超越羞耻感：培养心理弹性，重塑自信》

作者：[美] 约瑟夫·布尔戈 译者：姜帆

羞耻感包含的情绪可以让人轻微不快，也可以让人极度痛苦

有勇气挑战这些情绪，学会接纳自我

培养心理弹性，主导自己的生活

《自尊的六大支柱》

作者：[美] 纳撒尼尔·布兰登 译者：王静

自尊是一种生活方式！“自尊运动”先驱布兰登博士集大成之作，带你用行动获得真正的自尊。

《告别低自尊，重建自信》

作者：[荷] 曼加·德·尼夫 译者：董黛

荷兰心理治疗师的案头书，以认知行为疗法（CBT）为框架，提供简单易行的练习，用通俗易懂的语言分析了人们缺乏自信的原因，助你重建自信。